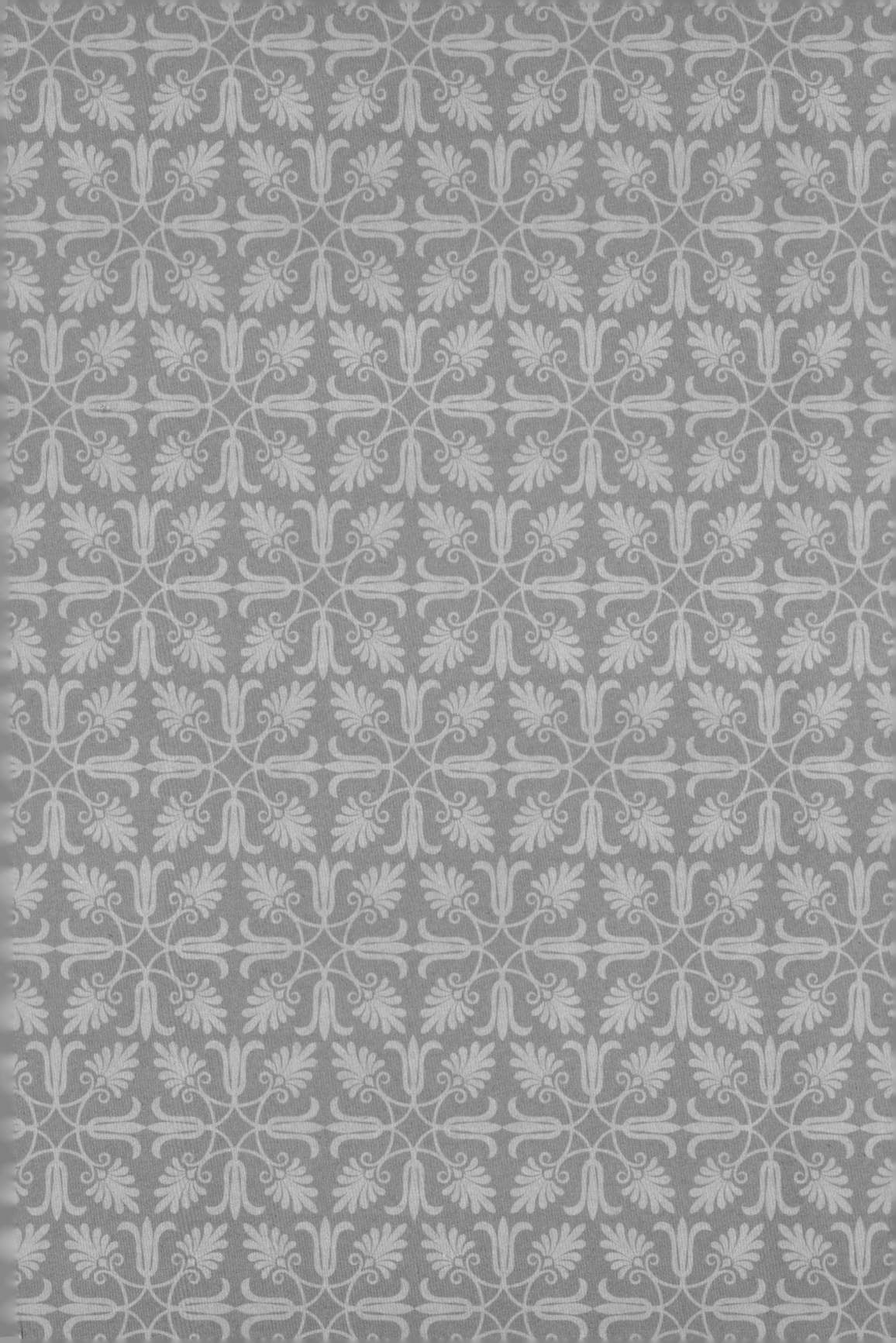

科学原来如此

疯狂的进化史

高 美◎编著

要是没有鸡蛋，母鸡要怎么孵小鸡呢？

你看，母鸡不是在孵小鸡吗？所以是先有鸡的！

金盾出版社

内 容 提 要

我们人类是这个世界上目前已知的最高级生物,他们创造了文明和国家,从而完全改变了自己的生活方式和生存环境。但是,我们人类从一出生就是现在这个样子吗? 显然不是,人类也是从低级动物经过漫长的岁月进化而来的,本书即将为你揭开这个可怕的进化之谜……

图书在版编目(CIP)数据

疯狂的进化史/高美编著. — 北京:金盾出版社,2013.9(2019.3 重印)
(科学原来如此)
ISBN 978-7-5082-8480-4

Ⅰ.①疯… Ⅱ.①高… Ⅲ.①人类进化—少儿读物 Ⅳ.①Q981.1-49

中国版本图书馆 CIP 数据核字(2013)第 129543 号

金盾出版社出版、总发行

北京太平路5号(地铁万寿路站往南)
邮政编码:100036 电话:68214039 83219215
传真:68276683 网址:www.jdcbs.cn
三河市同力彩印有限公司印刷、装订
各地新华书店经销

开本:690×960 1/16 印张:10 字数:200 千字
2019 年 3 月第 1 版第 2 次印刷
印数:8 001～18 000 册 定价:29.80 元

前 言

　　小朋友们，如果告诉你们，我们人类是从猿进化而来的，你们会不会不相信呢？也许你们会想，我是用两只脚直立行走的人，而猿长得大手大脚，我们怎么可能是从猿进化而来的呢？事实上，这是真的。

　　所有的生物从它们诞生之日起，就会不断经历一个个的变化过程，而它们也就是在变化中实现延续和演进。在生物进化的历史长河当中，生物个体结构的复杂性和多样性在经历一个不断增长的过程。

　　人类的祖先就是类人猿，经过很久很久的进化，才有了现在的这个样子。在进化的过程中，自然选择起到了非常重要的作用。在这个过程中，有利的遗传形状会被一代一代保留下来，有害的形状就越来越少。经过很多世代之后，自然选择就会挑出最适合所处环境的变异，让它保存下来。比如，我们除害虫的时候，刚开始的时候喷药会很管用，但是时间久了，药性就好像下降了，这是为什么呢？因为那样抗药的个体会将这种性状不断传给后代，并一代一代传代，最后剩下来的基本上都有很强的抗药性了。

　　那么，小朋友会问了，为什么我和爸爸妈妈长得有点像呢？这是遗传的功劳。在人的细胞里有 DNA 分子，上面携带着遗传物质，而我们的 DNA 一部分来自爸爸，一部分来自妈妈，所以就会和爸爸妈妈长得有点像了。那为什么我们和爸爸妈妈又不完全一样呢？这也是因为 DNA 分子。

有时候，一对完全健康的父母，会生下一个患病的宝宝，这又是怎么回事呢？这是因为发生了基因突变。基因突变可能对个体有好处，比如，两个个子矮的父母生了一个个子高的孩子；也可能对个体有害处，比如，前面说的健康的父母生出患病的宝宝。所以，基因的威力是很大的，不能小看它。

生物学当中必不可少的一个研究课题就是关于生物进化。最著名的莫过于达尔文的进化学说。进化论可以揭示生物进化的普遍规律，还可以对其他生物学学科的发展提供参考，让科学的观念深入人心，从而推动人类和社会的进步！

目录

CONTENTS

目录

CONTENTS 目录

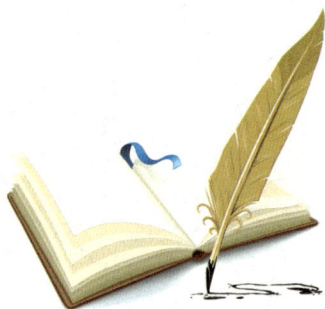

划时代的《物种起源》

◎智智和君君正在学习科学家的故事，可是他们却因为某件事情吵起来了。

◎智智坚持说是先有鸡的，但是君君却说是先有蛋的，他们谁也不让谁。

◎智智带着君君到鸡窝。

◎君君不服气，走过去把母鸡正在孵的鸡蛋拿出来说："要是没有鸡蛋，母鸡要怎么孵小鸡呢？"

从先有鸡还是先有蛋到《物种起源》

　　达尔文出生在一个医生世家，从小，他的父母就希望他将来能够继承父母的衣钵，成为一名出色的医生。然而，达尔文的兴趣并不在医学上，他更喜欢和自然界的动植物待在一起。上大学后，达尔文还是一有空就跑到野外采集各种动植物标本，并在这个过程中对自然历史产生了浓厚的兴趣。在剑桥大学求学期间，达尔文结识了改变他一生的朋友——植物学家 J. 亨斯洛和著名地质学家席基威克，还从他们那里接

受了植物学和地质学系统的训练。后来，达尔文作为博物学家参加了英国政府派遣专业人员进行的环球航行，在历时五年的环球航行中，达尔文对世界各地的动植物和地质状况做了系统的观察和记录，并从中找到

了自己一直在寻找的东西，即生物是在不断进化的。但是，创立进化论的历程并没有想象中轻松。

　　1838 年，达尔文偶然间读了马尔萨斯的《人口论》，再加上自己环球航行中得到的经验，达尔文更加确定了自己的想法，世界并不是像圣经中说的那样，只要一周就可以创造出来的，地球上的动植物也是在不断变化的，并且改变它们的很可能就是自然环境。这种想法越来越强烈，最终促使达尔文开始把自己的想法写下来。

自然选择学说是怎么一回事？

　　在达尔文的《物种起源》中，你知道最核心的观点是什么吗？它就是自然选择学说。自然选择学说告诉我们：生物都喜欢繁殖更多的个体，但是它们生活的空间和食物都是有限的，为了生存下去，这些生物

不得不相互竞争，争夺有限的空间和资源。那么，怎么样的个体才能顺利生存下来呢？

达尔文认为，在同一种群中，那些具有能适应环境的有利变异个体能顺利地生存下来，并不断地繁衍后代，而较为弱小的个体不可避免地会被淘汰。也就是说能适应环境的就能生存，反之就会被淘汰。正是这个原因，物种在竞争的过程中不断对自身进行着改造，希望能尽快适应环境的变化，从而在这个世界上活下来。

进化论给人们带来的巨大冲击

在达尔文之前，人们并没有怀疑过人是从哪里来的，又是怎么出现的。在中世纪被奉为经典的《圣经》中提到，世界是上帝创造的。但是，达尔文的进化论却说，生物是不断进化的，并不是一开始就是我们看到的那个样子。这种说法在当时受到了人们的强烈批评，人们认为这是对上帝的一种亵渎，因为达尔文竟然怀疑上帝的能力。要知道，在中世纪宗教是非常神秘而又崇高的，特别是上帝在当时的人们心目中地位

是无法撼动的。达尔文尽管提出了进化论的观点，但是他也在害怕，害怕自己的观点还没有得到证实就被抹杀了，就像当时布鲁诺反对地球中心说坚定地相信太阳是宇宙的中心结果被火烧死一样，愤怒的人们是什么事都干得出来的。幸好，当时的一些有识之士认为达尔文的观点是具有讨论价值的，接下去事情的发展也就顺理成章了。越来越多的事实证明，生物真的不是一成不变的，当伦敦工业区的统一品种飞蛾颜色出现

改变时，人们意识到，也许达尔文说的观点是正确的。就这样，达尔文的进化论就在不断地批评和争议声中存活了下来，并被大多数人所接受。俗话说："人无完人。"在生物界也是一样的。达尔文的《物种起源》一书开创了进化论，也让后代的人们逐渐认识到了生物的进化过程，具有划时代的意义。但是，达尔文的进化论被后人发现存在着一些明显的缺点：1. 达尔文的自然选择是建立在"遗传融合"假说上的，而这种假说是说遗传物质会像血液一样发生融合，这样自然选择就不能

发挥作用了；2. 达尔文过分强调了生物进化的渐变性，但是从古生物资料中发现，有些生物确实是存在跳跃性进化的。也正是因为这些明显的错误，达尔文的进化论现在越来越受到人们的批评。但是，不管怎么说，他的《物种起源》仍旧是一本划时代的巨作，因为它奠定了进化论的理论基础，难怪会被恩格斯评价为19世纪自然科学三大发现之一了。

小链接

1859年，《物种起源》一书在很多人的争议声中问世了，虽然当时有很多人反对达尔文的观点，但是包括博物学家华莱士在内的一些人都非常支持达尔文的想法。如今，《物种起源》中提到的自然选择学说已经被很多人接受了。

师生互动

学生：达尔文的进化论真的是正确的吗？

老师：我们在看任何问题时都应该辩证地看。达尔文的进化论在当时引起了科学界的极大轰动，因为当时的人们都相信，生物是由上帝创造的。后来，很多事实都证明达尔文的《物种起源》中，关于进化论的一些观点是正确的。但是，前面也说过了，进化论的观点还是有一些明显的错误存在的。所以，我们不能单纯地说达尔文的进化论就是正确的，或者说它是错误的。我们应该取其精华去其糟粕，吸收它里面正确的观点，剔除错误的观点去看待它，这样才能有所收获，也能更好地学习到知识。

所有生物都是上帝创造的吗

◎最近智智在学习创世纪的故事，他特别
喜欢里面亚当和夏娃的故事。

◎有一天，智智的朋友来玩，问了他一个
问题。

◎智智为这个问题苦恼了很久，因为上课
的时候老师说过，上帝其实是不存在
的，但是亚当和夏娃又是怎么出来
的呢？

亚当和夏娃就是我们的祖先吗？

都把我弄迷糊了！

亚当和夏娃

圣经里的创世纪

你读过《圣经》吗？圣经的开篇，便是上帝创世纪的故事。传说在宇宙天地还没有形成的时候，地球上是荒凉的被黑暗笼罩的地方。上帝是一个善良的人，他准备为地球上创造生命，好让黑暗的地球能够出现光明。于是，上帝开始关注地球上的一切变化。在创世纪里，上帝仅用 7 天就创造了天地万物。第一天的时候，上帝看到地球上黑暗一片，说："要有光！"于是地球开始出现光，也出现了光明。第二天，上帝

说："万物都需要用空气隔开！"于是，空气出现了，我们也就有了现在头顶上的那片天。第三天，上帝说："要有陆地！"于是地球上的水都汇聚到了一起，陆地开始慢慢出现。第四天，上帝说："要有光体！"

于是太阳和月亮就照着上帝的希望出现了，它们一个分管白天，一个分管黑夜。第五天，上帝说："水是万物之源，要有水！"水便出现了，伴随着的还有水里的各种生物。第六天，上帝说："地球上要有生物！"各种动植物便出现在了地球上。最后一天，上帝看到自己的成果非常满意，但是还缺少一样最重要的东西，那就是管理者。上帝心想："我要创造一个像我一样的生物来管理天地万物！"于是，以上帝为原型的人便这样出现了。创世纪里面上帝是无所不能的，人是上帝在地球上的管理者，所以人有着最大的权力。但是，世界真的是这么简单就可以创造的吗？圣经里面的故事毕竟只是神话，现代的科学已经证明，上帝并不存在，它只是人们的一个信念和理想而已。

亚当和夏娃的故事

在圣经里面，关于人类究竟是怎么创造的，还有一个非常有名的故事呢！故事的主角是亚当和夏娃，也就是男人和女人的化身。传说上帝创造天地的时候，地上还没有树林和蔬菜，当然也就没有人的存在。上

帝觉得需要有人帮他管理地球万物，于是就用地上的尘土塑造了一个人的身体，把生命的气息吹进他的鼻孔里，当人睁开眼睛的时候，他就成为了有灵魂的活人。上帝为了保护人，特地为他建了一个院子，名字就叫做伊甸园。在伊甸园里，上帝又为人创造了各种树木和河流。在伊甸园里，树可以分为生命树和善恶树。上帝把人带到伊甸园的时候对他说，这园子里的所有树上结的果实你都可以吃，但是只有善恶树不可以，你吃了它就一定会死的！人听了上帝的话认真地管理着园子，但是

渐渐地他却感到了孤独和寂寞。没有一个说话的人，也没有一个助手帮他一起管理园子。于是，上帝就让这个人先沉沉睡去，然后从他的肋骨中取了一根出来，用那根肋骨创造一个女人，带到这个人面前说："她就是你骨中的骨，肉中的肉，今后你们两个人就相伴一起吧！"于是，人便从这时候开始分了性别。故事里的男人就叫做亚当，女人叫做夏娃。在这个故事的最后，亚当和夏娃偷吃了善恶树上的果实最后被上帝惩罚了。但是，从这个故事里我们可以发现，上帝创造人充满了神话色彩，至今也没有任何证据能证明这个故事是真的。

上帝创世纪的真伪

在圣经中，上帝就是万物的创造者，但是事实究竟是不是这样的呢？从达尔文发表《物种起源》提出自己的进化论观点之后，关于上帝是否是创世纪的人，人们渐渐有了怀疑。在达尔文之前，人们对是上

帝创造了人深信不疑，但是达尔文之后，这一原本根深蒂固的信念遭到了极大的挑战。那么，真相到底是什么？在历史发展的长河中，人们已经渐渐认识到，上帝创造人的说法被很多事实否定了。首先，创世纪里面说上帝先创造了光，然后觉得应该要有光体，所以有了太阳和月亮的出现。但是我们都知道，地球上之所以有白天黑夜之分就是因为太阳光的照射才形成的。如果是先有了光再有太阳，那么顺序就是完全颠倒的，也是站不住脚的。其次，上帝说万物需要用空气隔开，所以就有了现在的大气。但是大气的成分都是一成不变的吗？很显然，目前的科学研究已经发现，在地球形成之初，地球上的大气成分和现在时完全不一样的。

当时，大气中根本就没有氧气，是后来能进行光合作用的绿色植物出现之后，大气的成分中才开始出现氧气的。这几个事实都说明了圣经中关于上帝创世纪的说法只是人们的一种猜测而已，根本就没有任何证据显示我们现在所拥有的一切都是上帝创造的，圣经故事只是人们的一个美好愿望以及带有神话色彩的故事而已。

小链接

动物是按照什么顺序进化的？

随着环境条件的不断改善，水里的生物渐渐开始向往陆地上的生活，于是有了两栖动物的出现，进而发展到爬行类。生物便是在这样不断的进化中发展而来的。

师生互动

学生：既然地球万物不是上帝创造的，那么人究竟是怎么来的呢？是像达尔文进化论里面说的那样逐步演化而来的吗？

老师：关于人究竟是怎么来的这个问题，科学家经过了很多研究。目前被广泛接受的说法是，人是从大猩猩一步步进化而来的。对于我们人类来说，重要的东西有很多，但是最重要的莫过于水和氧气了。离开了这两种物质，人是无法生存的。在地球形成之初，没有人类的最主要原因就是地球上没有氧气。这是一个致命的问题，这个问题直到一种植物的出现才得到了改善。它就是我们经常能听到的名字——蓝藻。在全是二氧化碳的大气中，蓝藻尽了自己最大的努力，将氧气带到人间，也正是蓝藻的杰出贡献，让混沌的地球上开始出现生命的迹象。最初的生命都是来自于水的，因为地球刚刚形成的时候，最多的就是水了，而且水里也是水生动物生活的最好环境。

学生：原来蓝藻这么厉害呢！可是，现在如果蓝藻长的多的话不是也会污染环境吗？

老师：没错，如果水中的营养元素过多，就会造成水体里面的藻类大量繁殖，把别的水生生物的氧气都抢光了，别的生物就会因为无法生存而死亡，所以如果见到水体富营养化很严重的湖的话，你们应该能在上面看到很多水生生物的遗体呢！

进化论的产生

◎科学课上，智智正在学习达尔文的进化论。

◎智智看达尔文的故事看得津津有味。

◎看到达尔文提出进化论的时候被很多人反对，智智觉得非常不可思议。

◎老师给智智讲解为什么当时的人们要这么反对达尔文以及他提出的进步思想。

进化论是什么东西啊？我要看看！达尔文真是一个神奇的人！能够提出这么新颖的设想，真是不容易啊！

达尔文

冲破阻挠的达尔文

对于中世纪的人们来说，上帝是他们的经典，是他们灵魂的寄托。但是，这一切却被一个名不见经传的人物打破了，他就是我们现在来看大名鼎鼎的达尔文。在当时的背景下，达尔文想要发表自己的著作，阐述自己的观点是需要冒很大的风险的。因为那个时候虽然科技和工业有

了一定的发展，但是人们的观念却还停留在最初的阶段。想要打破上帝的权威，引进新的全然不同的思想既是一种挑战，也是一种冒险。但是，达尔文却做到了，他不仅做到了，还做得非常好。不过，做任何事情都是需要付出代价的，达尔文付出的代价就是几十年如一日的观察和分析研究。那么，现在就让我们走近达尔文，去看看进化论究竟是如何产生的吧！

人们常说，想法是决定一切行动的动力。有了想法人们才知道自己行动的方向和目标。那么，达尔文又是如何产生进化论的这种想法的呢？在达尔文提出进化论之前，西方社会普遍都接受圣经里面说的上帝造人说。正因为世界万物都是上帝在地球形成的时候创造的，所以它们理应是永恒不变的。这种想法千百年来都没有改变过。其实，达尔文并不是最先提出进化观念的人，早在达尔文之前，就有一些学者表达了进化的思想。但是很可惜，这种思想被他们自身都否定了，这里面还包括达尔文的祖父伊拉斯谟斯·达尔文。正是受到了祖父思想的熏陶，达尔

文也对上帝造人说产生了怀疑。如果像圣经中说的那样，世界万物都是永恒不变的，那么同样都是鸟，为什么不同地方的鸟会长的不一样呢？这个问题一直困扰着达尔文。1809 年，法国生物学家拉马克发表了《动物哲学》一书，里面仔细地说明了他的观点，提出了用进废退和获得性遗传两个法则。拉马克在他的书中认为进化是生物适应环境的过程，但是当时并没有任何的科学证据能证明拉马克的这两个假说，所以他的文章在当时并没有引起人们的重视。不过，拉马克的书却给了达尔文启蒙，拉马克讲述的两个法则和达尔文的想法有很多接近的地方，达尔文决心自己亲自去找出答案。于是，他放弃了父母一直希望他念的医学院，转而投入地去研究动植物，还跟随了当时非常有名的两个博物学家。正是这种想法和动力催生了日后的《物种起源》。

环游世界找到灵感

达尔文决心为自己的想法寻找科学依据，但是非常困难。在不了解生物的生存状况以及物种的变化时，谈什么都是多余的。很快，改变命运的时刻就出现了。当时，英国政府为了鼓励人们探索英国之外的世界，出巨资派科学家环球旅行。达尔文的导师便是为数不多的科研工作者中的一名。在得知达尔文的想法之后，导师非常支持，就把达尔文选为了自己的助手之一。于是，1831 年 12 月，达尔文登上了海军舰艇小猎犬号，跟着科研工作者们一起前往南美洲进行考察。在历时五年的海上漂泊生涯中，达尔文渐渐形成了"物竞天择"的想法。在他的航行中，达尔文发现即使是同一物种，在不同的地域环境中也会有很多不一样的地方出现。尤其是在南美洲沿岸和邻近的加拉帕戈斯群岛，生命形式的多样化让达尔文对自己的信念更加坚定。仅仅是相隔了一个海域，可是生物的种类和外观就已经有了很大程度的不同，尤其是两个地方的鸟类，差距已经非常显著了。在考虑到岛上的自然生态环境和陆地上自然环境的差异，达尔文越来越觉得环境是生物选择自己生活方式已经寻求改变的最重要因素。在五年不间断地观察中，达尔文收集了大量的生物资料，还把自己的观察结果一一记录下来，并和自己的导师交换

了看法。1836年，达尔文终于完成了环球旅行回到了英国。在犹豫要不要将自己的想法动笔写下来的时候，达尔文非常苦恼。因为他知道自己的著作一定会引起教会势力的强烈反弹，这是他不愿意看到的。但是，想把自己想法写下来的念头越来越强烈，达尔文不得不找人商量。就在这时，和达尔文一起去环球旅行的导师华莱士在听说了这件事后，表达了对达尔文的支持，也让达尔文更加坚定了信念。

轰动世界

在明确了自己的想法之后，达尔文又和支持他的老师经过了反复的

讨论。1858年，达尔文接到了跟他一起去马来群岛调查的博物学家华莱士的来信，信中说他已经把有关物种形成的文章写好了，寄给达尔文看看。达尔文在仔细阅读了华莱士的文章后，发现他对物种形成的很多看法都和自己相似，这件事极大地增强了达尔文对自己的学说的信心。达尔文一直希望能再见华莱士一面，很快，这个机会就来了。1858年，英国伦敦举办了一个林奈学会，在这个学会中，达尔文又一次见到了华莱士，两人进行了热烈的交谈，还一起以共同署名的方式发表了对物种形成的看法。当时，很多与会者都对两个人的看法不以为然，甚至还有人宣称他们这是公然挑战上帝的权威。时间推进到了1859年，达尔文终于动笔将自己的想法和环游世界五年中所收集的生物资料写了下来，发表了《物种原始》一书。这本书是《物种起源》的开始，也是达尔文最早的关于物竞天择概念的叙述。

在《物种原始》问世以后，达尔文经历了很多挫折，这其中有批评他亵渎上帝的，也有支持他的观点的人。不论怎么说，《物种原始》一书从发表开始就在人们的不断争议声中前进。

后来，达尔文又进行了更多的关于物种的观察，他发现自己的理论还有很多不完善的地方，于是多次对自己的著作进行修改。在经历多次修改以后，达尔文将自己著作的名字改为《物种起源》，在书中还多次使用了"Evolution"这个词，这个词的意思就是演变演化，就是说物种是在不断地变化的。后来，达尔文到了晚年的时候，还在自己的理论中加入了性选择，目的就是为了强调交配竞争对于进化的重要性。虽然，用我们现在的眼光来看达尔文的进化论，其中有很多说法都是不完善的。但是要知道，生命过程是何等的神秘和复杂，达尔文只是为我们开了一个头，今后需要我们这些后辈去进一步研究生命过程以及生命的起源。

小链接

达尔文进化论的基础是什么？

在达尔文的进化论中，他是以天择说和地择说为基础的。也就是说环境和地域是限制生物发展的最主要因素。

师生互动

学生：原来进化论的提出这么困难，可是达尔文晚年的时候加入的性选择究竟是什么意思呢？

老师：性选择学说是和物竞天择一说有区别的。在地球上，物种的分类最开始就是以性别为基准分的。但是由于各种基因的变异，即使是在同一个种群中，不同个体的生存方式和繁殖方式都会有所差别的。这样一来，当周围的环境发生改变的时候，有些具有优势的个体就能存活下来，而某些较为弱小的个体就会被淘汰。性选择其实是对物竞天择学说的一个补充。当有优势的个体存活下来的时候，它们就会以自己喜欢的方式繁殖下一代，这便是性选择。

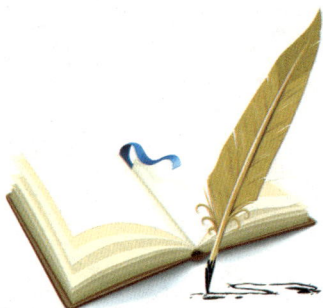

三叶虫——虾和蟹的亲戚

◎今天是智智和爸爸一起去博物馆的日子，一大早，智智就做好出发的准备了。

◎来到博物馆的爸爸和智智，被博物馆多种多样的东西吸引住了。

◎这时，不小心走到化石馆的智智发现了很奇怪的一种生物。

◎智智走近一点去看，发现它长的和虾很像呢！

爸爸，快来看，这是什么呀？难道是虾的亲戚？

三叶虫的发现！

我们已经见过很多三叶虫的化石了，但是它的真身我们却一直没有见过。这并不是现在的科技不够发达的原因，而是它早就已经在二叠纪的时候就灭绝了。那么，现在的我们又是怎么知道三叶虫曾经在地球上存在过的呢？这就要得益于古生物学的发展的。当地球上第一个人开始往地下挖掘的时候，深埋于地下的很多秘密就开始揭开了它们神秘的面纱，三叶虫便是其中非常有代表性的一个。第一个三叶虫化石是谁发现的又是在哪里发现的已经无从考证了，我们现在知道的仅仅是已经发现

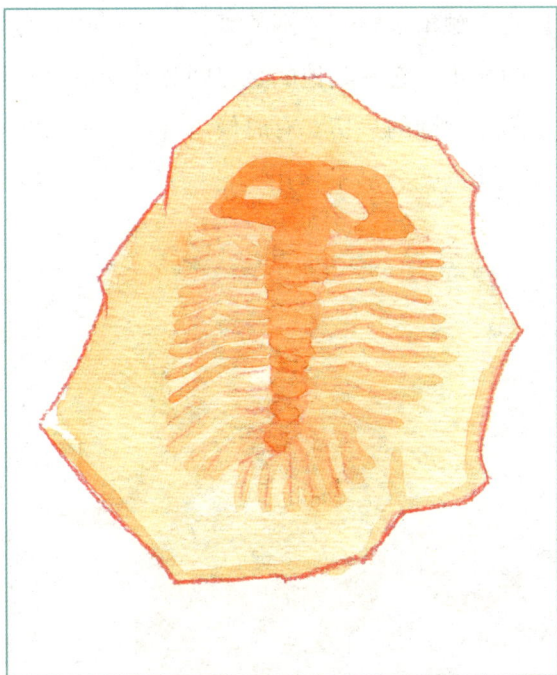

的三叶虫化石达到了好几万个，这是相当惊人的数目。在发现的化石中，人们发现大多数三叶虫都是比较简单的，它们一般在海底爬行，通过过滤泥沙来吸取营养。它们的身体想蚯蚓一样分节，一条带沟将身体分为垂直的三个叶。这是发现最多的三叶虫的形状，这样的三叶虫化石在世界各地都有发现过。

　　三叶虫的躯体分成了三段，其中作为胸部的一段是由可以相互运动的环组成的。它的胸部非常灵活，可以像今天的地鳖一样卷起来保护自己，免得被其他的生物吞食。

从盲人到重见光明的蜕变

　　你知道吗？最早的三叶虫是没有眼睛的，也就是说，当它们在水中生活的时候，只能靠触角来感知周围的事物。在三叶虫的口前，有一对能派上很大作用的触角，它和其他的足之间几乎看不出有什么差别，但是它却可以用来感觉周围的一切。有时候当有危险来临的时候，触角能够感觉到变化，三叶虫就会早早地用胸部的环将自己卷起来保护自己。

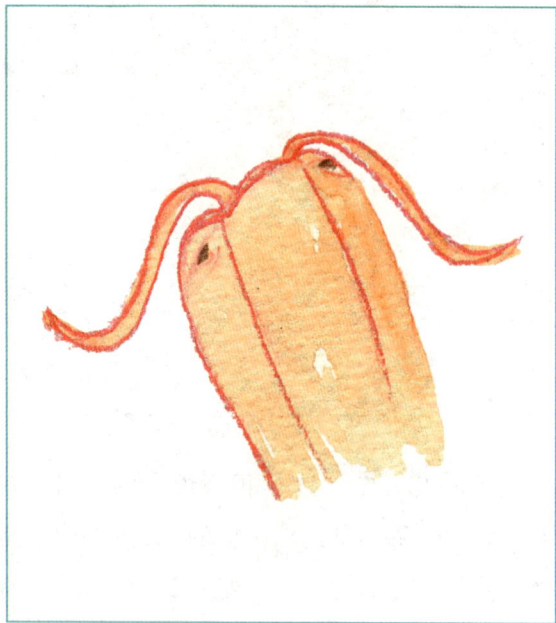

　　那么，一直是盲人的三叶虫是什么时候开始有了眼睛的呢？古生物学家经过研究多个化石后发现，三叶虫眼睛的发展其实也是一个进化的过程。最初的时候，三叶虫头部两侧开始出现一对复眼，慢慢可以稍微看见一点周围的事物，就像新生儿刚刚睁开眼睛的时候一样，对外界的一切都充满了好奇。后来，有些三叶虫觉得光有复眼看的还不是非常清

楚，自己需要更高级一点的眼睛，于是它们继续在大自然中进化。渐渐的。复眼开始变得相当先进。事实上，约5.43亿年前的三叶虫是第一批进化出真正眼睛的动物。在这个过程中，三叶虫的外观也发生了一部分的改变。那么，三叶虫的眼睛究竟是怎么进化而来的呢？目前科学界也没有一个统一的定论，但是有人在研究过历史资料后认为，三叶虫眼睛的出现是寒武纪生命大爆发的结果。这也只是人们的推论而已，事实的真相到底如何已经无从考证了，但是我们起码可以知道三叶虫也是在不断进化的。

三叶虫的进化史

在历史的发展过程中，很多事物都会遵照着自己种群的规律进行改变，三叶虫也不例外。那么三叶虫是从身体的哪个部位开始进化的呢？前面已经介绍过，三叶虫的身体分为三段，每一段都有着自己独特的功能。这三段分别是头、胸和尾部。最原始的三叶虫尾部是非常简单的，只是由几个与尾扇完全融合在一起的环组成的。三叶虫每个足有六个节，就像早期的节肢动物那样，是可以通过这些足来觅食的。三叶虫名字的来源不是它纵向分为头、胸、尾三个部分，而是它的身体上有从中叶伸出的侧叶，就像是长了三片叶子一样，因此人们就把它叫做三叶虫。三叶虫也是能够蜕皮的，但是它在蜕皮过程中可以留下许多良好地矿物化的外骨骼，我们现在发现的很多三叶虫化石其实就是它蜕皮的时候留下的外骨骼形成的，这样一来就留下了很多的三叶虫化石，供我们后世研究。三叶虫的进化史除了它的眼睛之外，还有一些比较特殊的结构呢！从化石中分析可以发现，一些三叶虫进化出了非常巧妙和实用的棘刺结构，就像是我们在野外能看到一些带刺的东西一样，三叶虫通过身体上长出的这些棘刺来保护自己免受别的生物的损害。这种带棘刺的三叶虫化石在摩洛哥发现的最多，除此之外，在美国以及俄罗斯等地方也有发现带有棘刺结构的三叶虫化石。不管怎么说，从目前已经发现的那么多三叶虫的化石可以看出，不同时期的三叶虫还是有很大差别的，它们会随着时间的推移而渐渐进化。

　　说了这么多有关三叶虫的知识，大家应该已经对这种生物有了一个初步的了解。虽然我们没有见过真正的三叶虫长什么样子，但是如果你将现在常常可以见到的虾和蟹的样子组合起来想象一下，你就会发现，三叶虫跟它们的组合体长的可像了！这是什么原因呢？难道说三叶虫就是虾跟蟹的祖先吗？其实，说祖先一词是稍微有点过的，但是说三叶虫是虾跟蟹的亲戚却是一点都没错。首先，如果我们讲三叶虫和虾进行比较的话会发现，虾也是分为头、胸、尾部三部分的，而且虾的下肢也是由一个个环组成的。这个事实在一定程度上说明了虾跟三叶虫确实存在联系。除此之外，虾的眼睛也是长在头部两侧的复眼，触角也是位于头部上方的。这些特征和三叶虫是何其的相似！而且三叶虫也是在背部有盔甲，就像虾坚硬的外壳一样，两者的相似点越来越多，人们也渐渐相信虾和三叶虫一定存在着某种相近的亲缘关系。

小链接

三叶虫头上的角是怎么回事？

据最新的科学研究分析，目前已经发现了有些三叶虫的头上有类似现代甲虫一样的角，这些角的形状和位置比较特别，有科学家推测三叶虫进化出这些角可能是为了在寻找配偶的时候角斗，从而赢得配偶，繁衍后代。

师生互动

学生：原来这就是三叶虫啊！可是它是怎么发育的呢？

老师：三叶虫也是从卵里面孵化出来的呢！刚刚从卵里面孵化出来的幼虫被称为原甲期，在这个阶段所有的环会全部都融合到一起，这样就会形成单一的盔甲。所以，三叶虫在生长期里每次蜕皮的时候在尾部都会增加新的胸部的环，这样一来胸部的环越多也就越容易将自己隐蔽起来，从而躲开鱼类等动物的攻击了。到目前为止，人们对三叶虫幼虫阶段的认识还是非常丰富的，这对我们以后研究三叶虫和其他动物之间的亲缘关系可是有很大帮助的哦！

琥珀里竟然有昆虫

◎最近，智智收到了一个非常漂亮的挂坠，这是爸爸出差的时候给他带回来的。

◎智智每天睡觉的时候都会摸一摸自己的挂坠再睡。

◎有一天晚上，智智在摸挂坠的时候，竟然发现里面有昆虫！

傻孩子，这虫子不是刚刚钻进去的。

哎呀，这是怎么回事，这里面什么时候钻进去了一只虫子！

娇气的琥珀

女孩子娇气一点大家都可以理解，但是为什么说琥珀也娇气呢？这当然是有原因的。大家都知道像钻石、玉等一些平常的宝石用普通的方式保存就可以了，但是琥珀可是不一样的哦！它既害怕火，害怕汽油，害怕暴晒竟然还害怕酒精！与这么多的物质是天敌，难怪有人要说琥珀娇气了。你想，如果是普通的宝石，戴在身上出去只要不被偷，干什么

都行。但是琥珀可不一样，你要是戴一快琥珀在身上，那可得千万小心了，不能在大太阳低下暴晒，也不能碰到含酒精的物质。这么多禁忌，你说琥珀是不是很娇气呢？不过，琥珀娇气也是有原因的。琥珀的物质组成比较特殊，也容易和其他的物质发生反应。一旦遇到一些化学性质

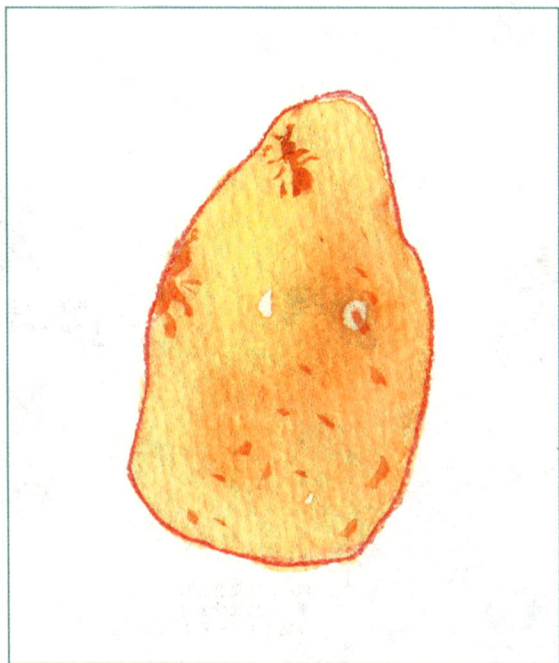

比较活泼的物质，琥珀可能就会发生变化。你别看琥珀小小的一块，它可是数千万年前被埋在地下的树脂形成的呢！

在经历一定的化学变化之后，这些深埋在地底下的树脂就会变成化石，也就是我们现在看到的琥珀的样子啦！所以，其实说起来琥珀也是一种化石呢！它能帮我们了解那段时期曾经发生过哪些事，也能加深我们对历史的了解。

琥珀原来是树脂？

说琥珀是树脂形成的，大家可能不会相信。树脂不是应该像我们现在用的电插座的材料一样，有点像是塑料的感觉吗？可是为什么琥珀却没有一点这样的感觉，反倒是更像天然形成的宝石呢？这是因为琥珀在地底深处经过了数千万年的转变，渐渐已经变的和树脂不太一样了。现在的琥珀，颜色一般是黄红色的，有些看上去很透明，有些却是半透明的，这和琥珀形成时的条件有关。那么，琥珀最早是在什么时候出现的呢？考古学家们经过多年的研究后证实，化石树脂最早出现是在石炭纪，但是琥珀的出现却相对较晚，它直到白垩纪早期才开始出现，一出现就带给人惊艳的感觉。目前，世界上发现的著名的琥珀沉积岩主要是来自波罗的海地区和多米尼加共和国。在这些地区发现的琥珀外形十分特别，颜色带有某种神秘感，十分具有收藏价值。要知道，琥珀主要是由古代裸子植物的树脂构成的，但是现在的研究却发现，有些琥珀还是由能开花的植物产生的树胶形成的呢！琥珀是沉积作用的产物，主要出现在沙砾层、煤层的沉积物中，所以在发现煤矿的同时，如果幸运的话，还能发现琥珀呢！

琥珀最特殊的样子不知道大家见过没有。虽然现在的技术可能也能做到在石头里面镶嵌图案或者是别的实物进去。但是在距今数千万年前是绝对不会有这种技术存在的。所以，琥珀的出现便代表了一种突破，它也是大自然馈赠给我们的礼物。琥珀是一种宝石，但是这种宝石里面却有昆虫的存在！这是一个惊人的发现，也在一定程度上说明了在我们所不知道的过去，有一些事情在发生着，琥珀便是最好的证明。在圣经的创世纪里，上帝创造的世界万物都是永恒不变的，但是这一说法在琥珀出现以后就站不住脚了。如果事物都是不变的，那么琥珀里面的昆虫是怎么进去的呢？琥珀是被深埋在地底下的，昆虫之类的动物如果不是

经历了巨变，又是如何进入地下的呢？现代的科学已经证实，在化石形成过程中，如果生物体外的痕迹被快速地掩埋，那么生物体的残骸就不会发生风化和分解，也就能够很好地被保存下来。也就是说，琥珀中出现的完整的昆虫遗骸就是昆虫在死亡的时候被快速地埋到地底下造成的。这是琥珀形成的最主要原因，也是生物遗体出现在琥珀里的最合理解释。

琥珀原来也有这么多种！

琥珀这个名字相信大家都听说过，但是你知道琥珀一共有多少种吗？它又是按照什么标准分类的？国内的标准和国外的标准是一样的吗？这个问题专家已经给了我们答案。在我国，人们是根据琥珀颜色的不同来对它进行分类的，主要可以分为以下 11 种，分别是：金珀、血珀、虫珀、香珀、石珀、花珀、水珀、明珀、蜡珀、密腊、红松脂，对每一种不同的琥珀，并没有具体的定义，但是这其中有几种是非常相似

的。就拿虫珀和灵珀来说吧，光从名称上看，大家可能会分不清楚，但是如果照两种琥珀的特性来看，大家就会觉得这两种琥珀应该算是一种。因为虫珀指的是琥珀里面有虫子的遗骸，而灵珀也是的，之所以把

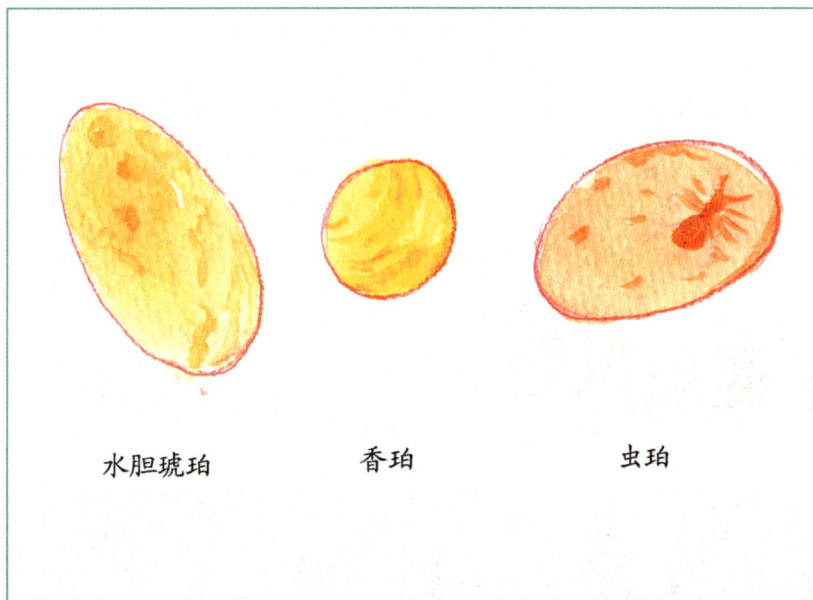

水胆琥珀　　　　　香珀　　　　　虫珀

它叫做灵珀，是因为琥珀里面有了动物的灵魂，就像是充满了灵性一样，令人畏惧，也令人尊敬。在这其中，花珀应该要算是比较特殊的一种了吧！因为花珀是经过人工处理的。在得到原始的琥珀之后，人们通过爆破的方式在琥珀上雕上花纹，看上去就像天然长出来的一样。但是要注意的是，压制琥珀的刨花必须特别细碎，不然的话就会损坏琥珀原本的样子。蜜蜡是指不透明的琥珀，它是最容易区别的。有些琥珀会带有一定的香味，当它被摩擦后，香味会比原来更加明显，这种琥珀就被称为香珀。你见过琥珀里面含有水滴的吗？这种琥珀也是真实存在的，只是相对其他的琥珀而言较少罢了。这样的琥珀通常被人们称为水胆琥珀，是非常漂亮的一种琥珀。

小链接

最贵重的琥珀是哪种？

现在最贵重的琥珀是天然血珀，透过血珀，你可以清晰地看到里面昆虫的遗体。俗话说"琥珀藏蜂"，说的就是这种非常珍贵的也是非常少见的品种。

师生互动

学生：琥珀里面真的有昆虫吗？那除了昆虫是不是还有别的动物也会进入琥珀里呢？

老师：没错，琥珀里面当然不会只有昆虫，只不过琥珀里面出现昆虫是最常见的。因为昆虫的个体很小，在琥珀的形成过程中，昆虫小小的个体容易被树脂包围而出现在琥珀里。当然，这带有一定的偶然性，也不是所有的琥珀里面都是可以找到生物的影子的。琥珀中出现昆虫是一种小概率事件，就像买彩票一样，虽然你买了很多彩票，但是不代表你就一定会中奖，这需要一定的偶然性，也是在历史发展过程中大自然给我们的最好的礼物。

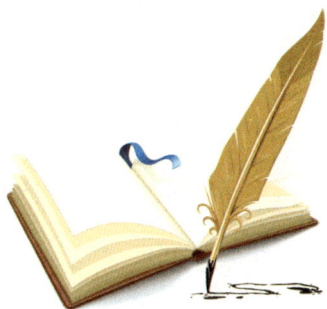

有口袋的无尾熊

◎ 智智一家终于迎来了去澳大利亚旅游的
日子，智智特别开心。

◎ 在机场，智智只要一想到就要见到梦想
了好久的无尾熊时，就兴奋地不行。

◎ 智智一家终于到了澳大利亚，住在了当
地有名的酒店里。

◎ 来到公园里，智智终于见到了无尾熊，
也就是考拉。

爸爸，这些东西长得太可爱了，要是能带一只回家多好啊！

爱睡觉的考拉

　　你见过无尾熊吗？熊大家应该都见过，现在几乎每一家动物园都会有熊。但是，没有尾巴还长着口袋的熊你见过吗？不要怀疑，世界上真的有这样的熊存在。它就是澳大利亚特有的无尾熊，它还有一个别名叫做考拉。考拉是一种很可爱的动物，一般生活在树上，它比较怕与陌生人接触，但是时间久了熟悉了它也会和你玩得很欢。最特别的是，考拉

特别喜欢睡觉，一天24小时基本上有18个小时都是在睡眠中度过的。如果你去澳大利亚，想见到考拉的话，一定要挑它清醒的时候去，不然就没什么意思啦！那么，考拉为什么会没有尾巴呢？它胸前的口袋又是怎么回事呢？别急，即将登场的考拉会亲自向大家解答这个疑问。

如果去澳大利亚的话，看到最大的动物便是袋鼠，除去袋鼠，最多的当然就要数无尾熊了。不过，如果真的想见到考拉憨态可掬的样子，那你一定要找准时间哦！因为考拉可是非常爱睡觉的呢！一天24小时，它18个小时都是在睡觉中度过的。考拉是一种非常可爱的动物，同时它们也是一种非常奇特的生物。大家都知道水是生命之源，离开水是生活不下去的。但是对于考拉来说，喝水这是只会在生病和干旱的时候才会出现的行为。大家可能会觉得非常奇怪，考拉难道不需要水分吗？平时都不喝水的话它们究竟是怎么生活下来的呢？难道说世界上真的有不需要水就可以存活的生物吗？当然不是这样的，考拉也是需要水才能活下去的，不过它们摄取的水分可不是直接从喝水中获得的哦！考拉所需的水分90%都是从它们取食的桉树叶中获得的呢！也正是这个原因导致考拉有很多的空闲时间，所以为了打发这些时间，它们就选择睡觉了。为了能够长时间舒服地睡觉，考拉还为自己创造了很多有利的条件呢！首先，考拉有一身又厚又软的浓密灰褐色短毛，还长了一对招风的大耳朵，耳朵上还有茸毛，鼻子是裸露在外面的，但是考拉的鼻子比较扁平，这也是它们长相比较奇特的地方。为了能好好睡觉，考拉的尾巴做了"牺牲"，变成了它们睡觉时的软垫。所以说考拉真的是一个爱睡觉的宝宝啊！

口袋里装宝宝？

在澳大利亚，有两种非常具有代表性的动物，一种是袋鼠，另一种就是考拉。袋鼠之所以叫袋鼠就是因为在它的胸部有一个非常明显的口袋，这个口袋就是传说中的育儿袋，刚刚生下来的宝宝会躲在这个育儿袋里，偶尔还会探头探脑看看外面的世界。正是袋鼠的这种特性受到了很多人的喜爱，觉得它是一个非常有爱心的妈妈。但是，说到口袋里面装宝宝，大家不要以为是袋鼠的专利哦！考拉也是一个爱护宝宝的好母亲呢！它们也会把刚刚生下来的宝宝装在自己胸前的口袋里，带着它们去外面的世界闯一闯。不过，考拉的育儿袋和袋鼠的育儿袋是有很大不同的，从它们的体型上就可以看出来，小袋鼠即使长得很大了，还是可以躲在妈妈的口袋里由妈妈带着继续蹦蹦跳跳，但是考拉不行，因为它们的体型比较小，小考拉长到一岁左右就要离开妈妈的口袋了，然后它们会爬到妈妈的背上继续跟着妈妈一起生活，直到它长大成人为止。当小考拉在妈妈的口袋里时，妈妈会从自己的身体里分泌出一种半流质的软软的食物让小考拉吃，这种食物将会伴随着小考拉一直到它能够自己采集桉树叶并食用为止。当小考拉从育儿袋里面探出身体时，它会将育

儿袋的袋口拉伸以致朝向后方，方便自己进食。当小考拉能够自己采集食物时，它就会从育儿袋中爬出来到妈妈的背上，所以在澳大利亚常常能见到背着孩子的妈妈考拉，这是它们的一种习俗，也是母爱的体现。

没尾巴？进化的结果！

前面已经提到过，考拉非常喜欢睡觉，一天可以睡上 18 个小时，那么你知道它的尾巴是如何让它睡的这么舒服以至于都不想起来的吗？细心观察考拉的尾部构造可以发现，考拉其实可以称得上是没有尾巴的。所以当地的人们也会把考拉叫做无尾熊。这是因为考拉要想在树枝上舒服的睡觉，就需要一个柔软的垫子，就好比我们人类睡觉喜欢睡在柔软的床垫上一样，考拉也想舒舒服服地睡上一觉呢！可是它周围也没有能够让它垫的东西，正好自己的尾巴又软又舒服，所以考拉的祖先就

产生了想把自己的尾巴当做坐垫的想法。为了让自己的"坐垫"更舒服一些，原始的考拉还努力让自己的尾巴长得又厚又软，这样尾巴就不是原来的长长的形状了，而是变成了直接连在屁股后面的就像增加了一个坐垫的形状。在日积月累之下，考拉原本的尾巴就退化了，取而代之的是现在的像坐垫一样的"尾巴"。这是进化的结果，也是考拉为了适

应环境，适应自己的生存方式而做的改变。那么，这种改变又有什么好处呢？首先，考拉睡的更加舒服了是毋庸置疑的，其次，考拉是常年生活在树上的，这样的尾巴能帮助它们更好地在树上生活。所以，生物对自己身体所做的改变都是有意义的，优胜劣汰的法则在自然界同样适用。

在我们的想象中，作为澳大利亚的代表动物，考拉享受的应该是很好的待遇。但是，事情究竟是不是如此呢？据历史考证，在距今4500

万年以前，澳洲大陆曾经还是和南极板块连在一起的。但是突然某一天，事情发生了改变，澳洲大陆从南极板块上脱离了！在澳洲板块逐渐向北漂移的时候，考拉或者说那些和考拉比较类似的动物已经开始进化了。原本考拉的尾巴还是像别的动物一样长在尾椎骨的地方，但是地理环境的变化使得它们开始依赖桉树之类的植物。现在，已经有考古资料证明，在大约 2500 万年前，在澳洲大陆上就已经发现了类似考拉的生物。

科学家们推测，在澳洲大陆向北漂移的过程中，气候开始剧烈地变化，澳洲大陆由于脱离了南极大陆而变得越来越干燥，像现在考拉最喜欢的桉树、橡胶树等植物也开始改变自己的性状来适应剧烈变化的环境。在这个过程中，考拉变得越来越依赖这些植物，在 20 世纪 40 年代的时候，考拉还被人们认为已经灭绝了呢！后来，考拉又重新出现在人们的视野中，不过，这个时候它是作为澳大利亚土著居民的一项重要食物来源出现的。

从此以后，考拉在这块大陆上大量繁殖，有一段时间还曾经成为了澳洲的忧患。

小链接

考拉为什么会成为澳大利亚的保护动物呢？

原来，在意识到考拉过多时，当地政府采取了措施控制考拉的数量，但是当地人们捕杀考拉的行为却并没有得到控制。在一段时间后，考拉的数量急剧下降，现在，考拉已经成为澳大利亚政府的保护动物了。

 师生互动

学生：考拉这么可爱，人们为什么还要捕杀它们呢？

老师：现在澳大利亚政府已经宣布，考拉在所有的州均成为被保护的动物，现在人们捕杀考拉就是违法的了。但是，又有一个新的问题出来了，考拉现在极度地依赖桉树生活，就像大熊猫需要它特有的竹子一样，没有桉树的存在，考拉就没有栖息地也就没有食物了。现在，当地政府确实将考拉保护起来了，但是考拉赖以生存的桉树却并没有用法律来保护，这使得考拉的生存变得愈加艰难起来。

长颈鹿的脖子一开始就这么长吗

◎最近孩子们中间非常流行玩一种游戏，那就是扮演自己最喜欢的动物。

◎智智最喜欢长颈鹿了，所以在幼儿园六一儿童节表演上，智智演的就是长颈鹿。

◎智智在家里看电视。

◎妈妈笑着回答智智的问题。

我要扮演长颈鹿！

长颈鹿的起源

　　长颈鹿是一种大家非常喜欢的动物。它憨态可掬的面容以及长长的脖子获得了很多人的喜爱。但是，大家在喜爱长颈鹿的同时，有没有想过长颈鹿的脖子一开始就是这么长的吗？如果不是的话，那为什么要把自己的脖子变得这么长呢？到底是什么原因促使长颈鹿想要改变自己

呢？这些问题都十分令人好奇，但是因为长颈鹿不会说话，我们也不能从它们的口中知道事情的真相到底是什么。现在，科学家通过对地球以及别的生物的研究发现，长颈鹿的脖子应该是它在进化的过程中改变的。而且这种改变还和周围的环境有莫大的关系。今天，就让我们一起来解开长颈鹿脖子长之谜吧！

　　大家应该都见过长颈鹿，不仅仅是在动物园里，在动画片里长颈鹿也是非常受人喜爱的动物呢！不过，你知道长颈鹿有哪些和别的动物不一样的特性吗？长颈鹿最引人注目的特点就是它的身高和长脖子，但是这些不是长颈鹿的全部，它还有很多别的特征呢！长颈鹿的牙齿是原始的低冠类型，所以它不能以草为主食，只能以树叶为主食，不然就难以消化。也是因为这个原因，长颈鹿的舌头比较长，可以用来取食。在大家的认识中，长颈鹿应该是没有角的，但是事实上长颈鹿不是没有角，只是它的角比较短，而且角上还被有毛的皮肤覆盖了。那么，具有这么

多特征的长颈鹿究竟是从什么时候开始出现在地球上的呢？它的出现又意味着什么呢？从文献中我们可以发现，长颈鹿的起源年份并不明确，但是大致可以知道是在大约8亿年前的欧洲南部中心。后来，在长颈鹿的起源地，气候环境发生了变化，长颈鹿为了生存便进行了迁移，后代的一些长颈鹿就出现在中国和印度的北部地区。从欧洲一直迁移到亚洲，那是一个多么浩大的工程啊！从这一点上就可以看出来，气候对动物的影响是十分巨大的，当当地的气候不适宜动物生存的时候，它们便会想办法换一个适合的地方，这便是物种的迁移，也是长颈鹿适应环境的一个表现。

脖子长腿也长

在非洲大陆，有一个长颈鹿的亚种，名字叫古麟亚科，这种类型的长颈鹿比较特别，它的体型很小，四肢和颈部都是比较短的，和现在额长颈鹿有很大的不同。科学家经过研究之后发现，生活在非洲的这种类型是长颈鹿的原始类型，一般都是生活在森林中的，在史前时期，地球上存在的长颈鹿基本都是这种类型的。这个事实也说明长颈鹿的脖子并不是生来就是这么长的，在环境因素的影响下，长颈鹿勇敢地改变了自己，获得了生存下来的机会。

如今，古麟亚科的长颈鹿已经渐渐稀少了，如果大家想亲眼见见这种特别的长颈鹿，可以去非洲刚果东部的热带雨林，如果有幸真的能见到这种长颈鹿，你会发现它还保持很多的原始特征。随着时间的推移，长颈鹿渐渐意识到自己也需要改变了，尤其是面临吃不到食物的危机时，这种愿望尤其迫切。改变首先是从腿部开始的。就像人们想要拿高处的东西拿不到时，下意识就会把脚垫起来，这样高度就会一下子增加了一样，长颈鹿也是同样的想法，于是在长颈鹿的后代中，腿越长越长，这样就可以吃到高处的树叶了。当腿长已经不够满足高度的要求

时，脖子伸长的愿望便从内心深处开始散发了出来。于是，又一批后代长颈鹿开始改变，这次变得就是脖子的长度了。所以我们现在看到的长颈鹿都是腿长脖子也长的类型。

脖子长的秘密

　　长颈鹿究竟是一种什么动物呢？这个问题我想随便找一个人的话，他的回答都会是，长颈鹿是脖子很长的动物。没错，长颈鹿最出名的就是它的长脖子。但是你知道长颈鹿脖子长的秘密吗？长颈鹿是怎么把自己的脖子变得这么长的呢？这说起来还和长颈鹿的身体结构有很大的关系呢！大家都知道长颈鹿很高，即使脖子不伸的那么长，长颈鹿也算是动物中比较高大的了。但是长颈鹿还是觉得不够满足，于是它利用伸长

7个颈椎的方式将自己的脖子最大限度地拉长，这样就能保护自己免受被捕食的危险了，同时还能帮助自己保持警觉感呢！在森林中，弱肉强食是非常普遍的一件事，动物们为了生存不得不最大限度地改变自身，获得优势。只有最强者才能生存！这是森林里面的生存之道，也是长颈鹿保护自己的原因。俗话说："站得高，望得远。"长颈鹿的长脖子给

了它最好的登高望远的条件。只要外面有一点风吹草动，它就可以发现并及时采取保护措施。所以我们在动物园看到长颈鹿自由地伸缩着长长的脖子不要感到惊奇哦！长颈鹿的身体结构完全能够帮助它完成这种难度很高的动作。

有人说，进化就是把原本没有的东西加上，再把现在不需要的东西

淘汰而已。这样说诚然没有什么太大的错误，但是生命的进化远没有说的那么简单，它是需要一个漫长的过程的。这不，长颈鹿的进化史便是最好的证明。科学家通过研究大量的资料后推测，最原始的长颈鹿并没有现在的长脖子，它是长颈鹿在不断地适应环境后进化的结果。最开始的时候，长颈鹿是吃地上的草为生的。但是随着环境的变化以及草场资源的退化，以草为生的动物太多了，渐渐地草显得不够吃了。长颈鹿就转而去吃树上的树叶。虽然一开始的时候比较难接受，但是日子一久，就习惯了。不过历史的发展总是惊人的相似，当其他动物也开始吃树叶的时候，长颈鹿发现比较低的树叶也已经不够吃了。这是饿肚子的事，是最难以忍受的。为了填饱肚子，长颈鹿选择去吃那些长在较高的枝头上的树叶。日积月累，长颈鹿的脖子从一开始的只是需要抬一下就能吃饱的境地到了必须伸得足够长才能吃到树叶了。在这个过程中，不能适应环境变化的长颈鹿被淘汰了，留下来的足够健壮的长颈鹿继续去吃长在很高的枝头上的树叶。就这样年复一年，长颈鹿不断地被淘汰，也不断地伸长自己的脖子。终于有一天，脖子短的长颈鹿都被淘汰了，剩下来的都是能够适应环境进化成了长脖子的长颈鹿。于是，长颈鹿便成为了我们现在看到的这个样子。这是进化的威力，也是大自然在选择能跟它一起活下来的物种。

小链接

长颈鹿的脖子有什么特别的呢？

长颈鹿伸长颈部的结果就是延长了 7 个颈椎，它的颈部还有一个额外的脊椎骨，颈椎延长和嵌入式颈椎的韧带和肌肉都能够让长颈鹿的脖子自由升降，甚至还可以旋转、伸长和弯曲。

师生互动

学生：长颈鹿的长脖子原来是这么来的，那么长颈鹿每天顶着这个长脖子不会很累吗？

老师：即使累也必须顶着啊！长脖子是长颈鹿生存下来的关键。虽然用我们现在的眼光来看。长颈鹿的长脖子并不需要。但是对于长颈鹿来说，它的身体机能已经发展地完全适应于顶着这么长的一个脖子了。如果没有了这个长脖子，那么长颈鹿也是不能生存的，因为它身体的其他部分已经跟不上了，它们是为了长颈鹿的长脖子而存在的，已经是不可取代的了。

恐龙的灭绝

◎今天，智智的妈妈带他去看电影了，看的是《冰河世纪》。

◎看到电影里出现那么多生物，智智非常开心，但是最吸引智智注意的还是里面非常巨大的生物。

◎智智偷偷问妈妈："妈妈，那个正在喷火的是什么动物啊？"

它们的个头好大啊，我要是也有这么大的个头就好了！妈妈，那个正在喷火的是什么动物啊？

喷火的是喷火龙，长的很恐怖的是霸王龙，它们都是恐龙。

恐龙时代是怎样的？

　　因为时间太久远了，我们所知道的关于恐龙的知识并不多，如果不是无意中发现了恐龙化石，可能到现在都还没有人发现恐龙的存在。科学家们在对化石经过一系列的考察和研究后，初步认定恐龙出现在两亿三千万年前的三叠纪。三叠纪时代的气候是比较温暖干燥的，当时爬行动物和裸子植物特别多，而恐龙是一群长得像蜥蜴的爬行动物，就生活条件而言，在当时也是生活的挺不错的。

　　据科学家考证，恐龙在地球上总共生存了大概 1.6 亿年，在这期间，地球的大气、水环境、陆地系统都发生了巨大的变化，相应的植物、动物、微生物等物种也跟随这种巨变而产生了变化。比如，原本的陆地是连成一片的，在地壳运动、生态因素的影响下，大陆逐渐被分离、转移，并渐渐演变成我们今天知道的几大板块陆地，中间穿插了大

洋、大河，并分布在地球的表面。受到大陆变化的影响，光照分布不均，热量被海洋阻断传导，大气圈发生了明显的变化，致使气候也有了重大的改变。随着气候的转变，植物的种类、繁殖方式也作出了适应环境的改变，由于这种转变时间很长，转变过程也很缓慢，这使动物能更好地调节并适应环境。进入恐龙时代中期后，剧烈并反复出现的地壳运动使各类地质运动不断发生，造成陆地气候及环境加快了变化的速度，等到了恐龙时代的后期，气候已经非常寒冷、干燥，大陆还出现了沙漠

地区。除此之外，大陆也有了高山、低谷、溪流等明显的板块运动痕迹。

恐龙是怎样灭绝的？

我们知道，恐龙能生存 1.6 亿年，肯定也是很厉害的一种动物，可是又为什么在 6600 万年前消失得无影无踪？在经过几个世纪的大讨论后，各种有关恐龙灭绝的理论、假说纷纷都展现在人们的眼前，令人眼花缭乱。有关权威科学家总结后，有以下几种学说来解释恐龙灭绝的现象。

1. 2000 年中探讨的各种理论

科学家们在调查恐龙遗骸后，对于其灭绝的原因给出了不同的解释。有的科学家认为，地球曾在 6000 万年前遭到宇宙外物质的袭击，比如，粒子流、陨星等，撞击地球，从而使地球环境产生剧烈震荡，引起大面积的地质破坏和气候变化，恐龙因不能适应突如其来的环境变化而导致全部灭绝。科学家们也表示，他们发现的恐龙化石大部分都是一群恐龙尸体堆在一起的，本来恐龙就是群居动物。从它们的埋葬姿势来看，它们都是在极度痛苦中死去的，且还有整群的幼龙骨架摆在一旁，这只能说明，它们是在正常的生活环境中突然遭到灾难性的巨变而导致毁灭。参考一些能表明当时的环境特征的其他动植物化石，就了解到当时的气候随着地球大爆发后发生巨大的转变，使恐龙赖以生存的环境逐渐改变，从而迫使恐龙们在这环境转变中渐渐消失。

2. 恐龙灭绝是由陨星撞击引起的吗？

美国科学家阿弗雷兹父子曾在 1890 年时发现了一个奇怪的现象，什么现象呢？那就是在 6500 万年前的底层中发现了大量的金属元素铱。铱是一种耐腐蚀的化学性质极为稳定的稀有金属，在地壳中含量非常少，地球上不可能存在有如此高浓度的铱。因此科学家们推断这大量的

铱是存在陨星中的，也把它与恐龙的灭绝联系起来。根据铱的含量推算撞击物体的直径大约是 10 公里，该物体可能是一颗小行星，虽然小，但对地球而言仍然是一次灾难性的打击。这么大的陨星撞击地球，可能会给地球造成像地震十级那样的破坏。而恐龙们，本来在地球上生活的无拘无束，每天都吃饭，睡觉和嬉戏打闹，根本都不知道会有这么大的一次灾难在等着它们。因为陨星的撞击，海底被撞击出一个大坑，海水也随之汽化，汽化出的蒸汽向外喷射，掀起的海啸也向大陆扑来，一时间，气候骤变，大雨不停地下，山洪暴发，泥石流将恐龙卷走并埋葬，等动乱停下的时候，大陆上已没有恐龙的踪迹了。

地质和气候的变化导致了恐龙灭绝？

有科学家讨论，说恐龙的灭绝是因在白垩纪末期发生的造山运动引起的。在白垩纪时期，从一开始的气候寒冷渐渐转变为气候温暖，许多新生代动植物的原始面貌就是在这个时期出现的。后来因为剧烈的地壳运动和海陆变迁，导致许多动物和植物衰落和灭绝，其中就包括恐龙的灭绝。

因为大陆、海洋的连续变化，使气候变得干燥和寒冷，植物和动物相继死亡，沼泽湿地相继干枯消失，恐龙没有食物和水的补充，也渐渐走向了灭亡。据有关科学家陈述，因为海洋退潮，使陆地生物相互接触，从而使某一物种灭绝。当另一物种来到一个新环境后，会抢别的物种的食物和水，并传播疾病，造成物种衰落和消失。这可能也是恐龙灭绝的又一原因。

意大利著名物理学家安东尼奥·齐基基指出，恐龙的灭绝可能是因大规模的海底火山爆发导致的。大规模的火山爆发，会放出大量的二氧化碳，造成地球产生温室效应，使植物、动物在其影响下死亡。同时火山的喷发也带出了大量的盐分，进入大气圈后破坏臭氧层，使紫外线不受阻碍的进入地球，造成生物的灭亡，恐龙也可能是因为这个原因而消失的。

小链接

恐龙是温血动物?

这种说法遭到很多人怀疑,因为本身还有很多漏洞。科学家们在提出这一观点时,也举了大量的事实来证明,比如,恐龙并不像蛇一样在地上爬行,而是进行跑步一类的行走方式,除此之外,恐龙还吃得很多,需要大量的食物来补充能源,这都说明恐龙可能是温血动物。在这个前提下,随着气温变得寒冷,恐龙为维持体温而耗尽体力,到最后支持不住而死去。恐龙的灭绝可能是在极端寒冷的天气下导致族群大片大片的死亡而发生的。在白垩期时代,有哺乳类动物的祖先存在,随后渐渐发展起来,数量开始急剧增加,科学家们推测它们是以昆虫为主食的杂食性动物,所以它们不断取食恐龙的卵,导致恐龙生育危机,从而使种族灭亡。

师生互动

学生:老师,关于恐龙灭绝有这么多种说法,到底哪一个是最接近事实的呢?

老师:每一个说法都有道理,也有一定的不足,我们看待这件事情的时候需要用辩证的眼光去看待它,要相信它是对的,也要相信自己的感觉,大胆提出质疑,这样我们才能解决问题,发现真相。

鸡也会飞

◎智智今天来到了一个农场，里面有各种
各样的动物。

◎智智开心地在农场里到处乱跑。

◎突然，智智找到了一个非常好玩的地
方，里面还有很多小鸡呢！

◎智智想要去抓小鸡，突然，小鸡一展翅
膀，竟然飞起来了！

鸡也属于鸟类

生活中，我们常常看到各种各样的鸡，比如，红色的火鸡、黑色的乌鸡等。鸡有很多种类，还有很漂亮，颜色不同的羽毛。鸡是我们都很熟悉的动物，因为大多数人都会养鸡，所以鸡也成为人们生活中饲养的最多的家禽。现代农民家里养的鸡是从野生的原鸡进化过来的，它们的驯化历史最少有 4000 年那么长哦，后来经过慢慢发展，在 1800 年前，

鸡蛋和鸡肉也成为大量生产的商品，成为人们衣食住行都离不开的一部分。鸡其实是一种很有趣的动物，现在我们就来了解它的有趣之处吧！

在达尔文的进化论中，曾经提到过家养的鸡的起源，他认为家养的鸡应该是从印度的红色原鸡转变而来，然后快速的向世界各地传播起来。也有其他科学家提出了不同的想法，认为鸡是由三种原鸡转化的。

但是，在这些说法中却没有提到鸡的飞行特征或飞行历史，所以对鸡是否能飞就更加好奇了。鸡到底会不会飞呢，如果我们根据常识性的知识无法推测出来的话，就可以采取一种叫逆向思维的思考方法。例如：飞，肯定只有有翅膀的动物才能做得到呀，有翅膀的动物多数都是鸟类，它们长着不同的翅膀，在天空中飞翔。那么鸡属于鸟类吗？鸡有翅膀，但能像小鸟那样自由自在的飞翔吗？事实上，科学资料也给出了一个很明确的答案，那就是，鸡是属于鸟类的，鸟类包含了很多种类，鸡只是其中的一种。我们平时看到的鸡大多数都是在陆地上行走的，它的双脚代替了它的翅膀，这就更不容易看出它是一种鸟类。它的翅膀是作

为一种飞行的象征，但常年在陆地生活，根本不需要使用翅膀，于是翅膀渐渐失去原来的功能。你能想象一只鸡飞在天空中的样子吗？是不是想到就想捧腹大笑，就像看到一幕很好笑的情景一样，鸡能飞，因为它是鸟类，但有一点需要注意的是，不是所有的鸡都能飞，我们文中说的能飞的鸡大多数都是野外的鸡，野鸡，而平时生活中我们食用的和饲养的鸡都是不能飞的，换句话来讲，它们只能飞 1～2 米高，最多也只是跳上它们住的小屋的屋顶，却并不能像野鸡飞的那般高。那么这些饲养的鸡为什么不如野鸡飞的高呢？

现代的鸡为什么不能飞？

鸡会飞吗？这似乎是一个神奇的话题。在大家的想法里，可能都认为鸡不会飞，因为我们平常看到的鸡会走路，会跑步，会下蛋，会鸣叫，但是并不会飞呀！如果认为鸡会飞的话，但又没有亲眼看到啊，还有鸡平时都是被人放在一个很小的地方喂养食物和水，鸡也不需要飞呀。但事实真的是这样的吗？我们没有看到它们飞，但并不代表鸡就不会飞，事实上鸡确实能飞，虽然不能凭鸡有翅膀就能认为鸡可以飞，但无论是以前的古时人们的记载还是现代科学的研究，都证明鸡其实是有飞的功能的。

我们经常在生活中见到这样的景象，一个简朴清雅的小庭院中，人们早早开始劳作，院子里的家禽也被放出来，在院子里戏耍玩闹，有人给家禽们喂食，也有人也在逗弄家禽，看上去非常和谐。事实上，现代家养的鸡基本都是这种情况，用铁丝或建立铁网将鸡的活动范围圈在一块固定的地方内，并在里面投放食物和水，就算为鸡群们造了一个窝。在时代比较落后时，大部分农户更是造出面积窄小，密不透风的鸡笼，就在笼子里的前端放上食物和水，让鸡饥渴的时候就能伸头够到。现代的家鸡在这种饲养方法下，渐渐变得不太主动，食物和水也不会主动的

找寻，因为它们知道有人会给它们准备食物和水，在这种习惯的影响下，它们越来越依赖别人，而把自己的长处忘掉。比如，它们的翅膀，本来就是为了让它们能更方便的捕食和取水，但是最后却因为太依赖人类的帮助而失去了飞行的功能。而能飞的野鸡，不仅飞得高，还飞得远，这跟它们依靠自己的力量捕食和取水有很大的关系呢，它们因为饥饿和干渴，就不得不利用一切办法去取的食物及水资源。这就好像我们要吃饭喝水一样，如果没有食物，我们就会自己动手做，做久了以后我们就会知道怎样做菜最好吃。如果我们感到饥饿的时候，就有爸爸妈妈给我们做食物的话，自己不动手做，以后也不会学会做饭。所以家鸡的不会飞，跟人们平常的饲养方式有很大的关系哦。

进化的威力

比较家鸡和野鸡的生活方式，我们可以发现，家鸡是人为的驯化出来的，而野鸡则是在环境选择下鸡的另一种形态。我们可以把这种进化看成一种转变，一种变化。就是这种变化，导致家鸡和野鸡以不同的方式在自然界中生存。

家鸡和野鸡是拥有同一种类的祖先，但在后面的生活中，家鸡和野鸡却朝着不同的方向发生转变。这种转变的力量是巨大的，它可以改变这种动物的生活习惯、动作行为、饮食等多个方面，并使自己的后代或者后辈子孙都以这个方式生活下去。怎样理解这种力量呢？举一个大家都很熟悉的例子。

我们的国宝——熊猫，憨胖的形象使得大家都很喜欢它，而我们对它最为熟悉的一个生活习惯，就是吃竹子。每次去动物园的时候，都可以看到胖胖的熊猫抱着大堆的竹子，在一个角落里默默的啃着，样子非常可爱。我们都觉得竹子是熊猫最爱吃的食物，因为没有看到它吃过别的食物，所以就下了一个判断，熊猫是草食性动物，草食性动物就是专门以植物为主食的动物。

但事实上却不是这样，熊猫是被动物学家们定义为肉食动物的，而且还是非常凶猛的肉食动物，就像张开血盆大口的鳄鱼一样残暴。可能会有人不相信，看起来那么温顺的熊猫怎么会是肉食动物，而且还很残暴。动物学家们的解释是，熊猫是肉食动物，还是猫科，在以前熊猫是很凶猛的，但是现在看到的熊猫却并不是那个残暴的样子，随着环境的改变，熊猫在自然选择下渐渐转变为温顺，不喜攻击的动物，且渐渐吃起竹子来。熊猫的进化，让我们看到了它的转变，并影响到下一代；家鸡因为长期被人类饲养而失去飞行的能力，这些事实都告诉了我们一个道理，进化的威力真的很大，在环境选择下，甚至能影响到子孙后代。

为什么野鸡的飞翔技能比家鸡高呢?

因为家鸡的活动范围远远小于野鸡,野鸡可以在河里、河岸、山上、山底、山顶等任何地方,这些地方对它们使用翅膀有很大的帮助,长时间在野外生活,野鸡比家鸡更明白要跑得快才有食物,要跑得快才能不被其他动物当成食物,跑的总比不上飞的,所以野鸡的飞翔技能要比家鸡要高。

师生互动

学生:老师,家鸡没有野鸡飞的高,飞的远,那是不是家鸡很落后,到最后会被环境淘汰?

老师:家鸡和野鸡都是鸡类,都有很多的品种,适者生存,肯定会有落后的品种会被环境淘汰,但家鸡代表的是被人类饲养的一群鸡类,有的种类对于环境以及人类来讲都还是有益的,当然也肯定有遭淘汰的,只能指家鸡某一种类会遭淘汰,不能意义含糊的就将家鸡理解为一种狭隘的概念。未来的环境选择我们都不知道,只能说有这种可能。

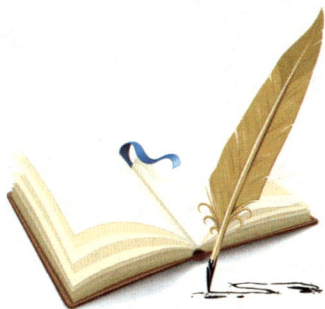

骡子是马和驴杂交的产物

◎ 今天是星期日，智智正在家里跟着爷爷一起画画。

◎ 爷爷很快就把自己的画画好了，但是，看到智智的画，爷爷笑的胡子都震动了。

◎ 只见智智正在画一匹马，但是却渐渐没了马的形状。

◎ 智智终于画好了，爷爷拿起智智的画说："你今天可是画了一个四不像啊！"

对话内容：
- 爷爷，我今天让你看看我神笔智智的风采！
- 爷爷，难道你看不出来我是在画一匹马吗！
- 智智，你确定你是在画画吗？
- 你今天可是画了一个四不像啊！

什么是四不像呢？

　　在古人编写的神话传记《搜神传》中，曾经提到一个名叫四不像的神仙的坐骑。而这个四不像到底是什么呢？在古人的描述中，是一个奇丑无比，却力大无比，灵气逼人的神兽，但在我们现代社会中，这个别名却形象地刻画了其外形，使它渐渐为人熟知。城市里的人很少见到这种动物，只有在农村中才能看到。它是谁？它是骡子！为什么叫它四不像呢？因为它的外形实在是融合了多种动物的外貌，但它又不属于那

多种动物中某一种，所以称它为骡子。那它为什么是四不像呢？想了解吗？那就继续往下看吧！

在农场的生活中，总能看见马、驴之类的动物背着重重的东西跟在农民后面走，而骡子也经常混在这搬运的队伍里，但是如果不是饲养它们的主人的话，或者是饲养经验丰富的农民，就根本区别不开骡子和马、驴。为什么区别不开呢？因为骡子是马和驴交配后产下的后代哦！这种动物的产生，来自于两种不同种类动物的结合，所以它的外貌也不完全相似于它的爸爸妈妈。骡子分为两种，一种是马骡，另一种是驴骡。马骡是驴爸爸和马妈妈生下的孩子，驴骡是马爸爸和驴妈妈生下的孩子，它们都是骡子，骡子既能像驴爸爸或驴妈妈那样能背很多很重的东西和具有很强的抵抗能力，也能像马爸爸或马妈妈那样非常灵活并能快速奔跑，是非常好的能帮助农民劳动的动物。但不同的是，驴骡个小，没有马骡好，所以大多数农民都是让马骡拖运货物的。

骡子长的像谁？

我们知道，骡子是马和驴交配产生的后代，那么它到底长的像它的驴爸爸或马爸爸呢，还是长的像它的马妈妈或驴妈妈呢？在大家的眼里，骡子有一个厚厚的头，长长的耳朵，还有瘦小和薄弱的肢体，又小又狭窄的蹄，它的鬃毛又短又小，将它的角覆盖在里面，尾巴无毛。这样的外形，可能就会觉得它长的很像驴，外观上跟驴确实很相像，但它

的高度以及身体上的脖子形状、牙齿都很像马，它的低鸣声中听起来也和驴的鸣叫相似，但又含有了马的嘶鸣的特征。总的来说，骡子的身上既有驴的一般特征，也还有马的一般特征。所以，如果要问骡子长的像谁的话，就不能说它像马或者是像驴，因为它包含了两个物种的特征，它应该是像马也像驴的。不过也因为这个原因，骡子才被人叫为四不像，其实它也挺冤的，长相是由生下它的父母决定的，自己不能更改，

还被人嫌弃，本来就很可怜，再加上这个就更加可怜了。大家也知道，骡子除了外貌有点跟其他动物不一样，它也还是很好的，它能给农民伯伯们出不少力，帮他们做不少农活，也没有什么缺点的，大家也不要因为它的外貌而嫌弃它了哦！

骡子为什么不能生育？

　　骡子除了外形奇异，不完全像马，不完全像驴以外，还有一点，那就是它不能生育。骡子是不能生宝宝的，也就是没办法拥有自己的孩子及后代，除了少之又少的生宝宝的个例，不然绝大部分是没有生宝宝的能力的。骡子很可怜，因为自己的驴爸爸和马妈妈生完它之后，也不会再照顾它，或者是将它带入驴群或马群，更何况自己的外形也不讨人喜欢。骡子来到这个世界后，也没有机会生下自己的孩子，一辈子都很孤单痛苦，所以我们的祖先就给它取名为骡，拆开字，就是马和累，可怜骡子一生都苦累无依。那么我们的骡子到底是为什么不能生孩子呢？首先，我们知道，结婚生孩子是两个种类都一样的情况下发生的，如果两个不同种类的物种结合，就会产生意想不到的情况。一个物种的繁衍和发展都是靠它们自身的繁殖能力决定的，它们必须和自己的同类结合，才能生下孩子，这是一种为了维护自然秩序的自然规律。其次，一个物种，是靠繁殖和遗传而发展的，就像生活中爸爸妈妈生下了我们，我们体内就有和爸爸妈妈同样的血液，同样的遗传因子的一样，我们会有和爸爸妈妈相似的外貌，还会有不同于爸爸妈妈的一些新的特征在我们身上发生。骡子的爸爸妈妈，一个是马爸爸，一个是驴妈妈，它们都是来自不同的物种，它们的结合并不像马爸爸和马妈妈、驴爸爸和驴妈妈那样能生下一个正常的孩子，从一开始，骡子的出生就带着这致命的缺陷，这是不正常的。最后，按照自然规律来讲，不同物种是不能结合在一起的，这样可能会引起种族间的错乱，严重的情况下，会导致某一物种彻底消失。自然界为了防止这种情况，设置了很多种方法来阻止不同种族间的结合，比如，地理隔离和生殖隔离，骡子的情况就属于生殖隔离，不过幸运的是，骡子能够健康的长大，只是不能生孩子而已。

无论是马骡还是驴骡，它们的遗传物质都是有问题的，因为，它们不能生育这一事实就是因为这个原因导致的。马和驴是有一定的亲缘关系的，所以它们结合后生产下的骡宝宝还是能健康地长大的，而不能生育的缺陷可能还是因为不同种族间的结合而引起的后遗症。换一句话说，不能生下宝宝，正是自然选择的一种方法。如果不同种族可以随意交配，并生下能生育的后代，那么种族与种族之间的分界线就开始模糊起来了。这样一来所有的物种都可能会陷入一种混乱，从而影响自然界及生态圈的稳定。严重点说，如果不同动物都可以结合并生孩子，孩子还能生下一代，物种之间越来越亲密，亲密到已经分不清楚哪个是哪个种类，生出来的宝宝很有可能就会带有新的原本父母都没有的特征，从而造成自然界的混乱，引起生态失衡。再加上，如果新出现的特征不能适应环境的需要，那么对于这些物种来说，这可就是大灾难了！因为物种可能会接连的消失，最后整个地球都会陷入巨大的危机！

小链接

什么是地理隔离和生殖隔离？

地理隔离就是将物种隔离在不同的地区内，让它们无法接触到对方；生殖隔离就是不同的物种不能进行交配，就算能交配，生下的孩子也会有缺陷，甚至不能正常的长大。

师生互动

　　学生：老师，骡子既然不能像马那样跑那么快，也不能像驴那样有持久的忍耐力和运送很重东西的能力，那为什么有时候人们还要马爸爸和驴妈妈生下它呢？

　　老师：骡子虽然有些地方确实没有马、驴的好，但是它也有马、驴没有的优点啊。比如，它们脾气温顺，善解人意，不像野马那般暴躁，而且它们结合了马、驴的特色，具有较强抵抗力、力量大等特色，它们的食量不大，也很聪明，能为农民服务十年以上的时间。这些都能充分说明，骡子其实也是一种为人类做出很多贡献的动物！

人类是从猿变来的

◎ 今天，小佳和智智吵架了，因为智智竟然说人是猿变的。

◎ 小佳和智智谁也不理谁，最后还是老师做了她们的调解人。

◎ 小佳哭着跟老师说："我们才不是猴子呢！"

◎ 老师耐心地给小佳解释智智为什么说我们人类是猿变来的。

人类的起源与演化

为了研究人类的起源，了解到更多有趣的事实，化石无疑给了我们很大的帮助。专门研究人类的科学家采用相应的方法，研究各种古猿化石和人类化石，并充分比较，试图找出它们之间的联系和区别。事实上，化石的存在还能让科学家们测定它们的存在时间，从而来了解人类

的演化历史，这对我们了解人类的起源有很大的帮助哦。经过众多的科学家测定和研究，都认为古猿转变为人类始祖的时间在 700 万年前。而从已发现的人类化石来看，科学家们将人类的演化历史分为四个阶段，分别是南方古猿阶段，能人阶段，直立人阶段，智人阶段。南方古猿阶段指的是人类最开始的形态存在的时期，即于 440 万年前到 100 万年前，在这期间，根据南方古猿化石的研究结果，可以知道南方古猿最重要的特征是两足直立行走，这一特点使它与人类的关系接近了。能人阶

段指的是 200 万年前到 175 万年前能人存在的那段时期，能人化石也是在非洲发现的，通过对其化石的研究，可以发现能人有明显比南方古猿扩大的大脑，而且还能以石块为材料制作石器，随后它们也渐渐演化成直立人。这一发现无疑又为人类的研究做出了重大的贡献。最后智人阶段指的是 20 万年前到 10 余万年前智人形态存在的时期，解剖智人的化石，其内部结构已与现代人基本相似，因此也被算作另一种意义上的现代人。从上面的描述里，我们也知道了，人类的起源是从南方古猿开始的，随后经历了几百万年时间的演化，人类就由当初的猿人形态渐渐就转变成了现代人的形态。

人类的亲缘关系

我们知道，人类是由古猿进化来的，是属于灵长类动物，可是自然界中灵长类动物也还有其他的物种啊，这说明什么呢？这也表示还有和人类血缘关系较近的动物，也就是我们所说的亲缘关系。就像我们除了有爸爸妈妈，还有爷爷奶奶、哥哥弟弟等亲人一样，人类除了是一群数目比较巨大的物种，更在自然界中拥有一群具有较近亲缘关系的亲人。

说是亲人，是因为人类其实也是一种动物，和自己那些亲人相比，人类发展得更好而已。那这些亲人到底是谁呢？类人猿，灵长类动物，是一种生活习性很像人类的猿猴，它跟人类有亲缘关系，自然也就跟人类有许多相同的地方，但是它和人类还是存在一些明显的差异，比如，人类

和类人猿的一个主要区别，就是在行走的问题上出现差异。人类是靠两足直立行走的，不用依靠手再四肢着地行走，从而使手进化为可以制造和使用工具，为人类的生活带来方便。而现代的类人猿，其前肢比后肢长，身体重心又高，背脊稍稍弯成弓状，行走和站立时都是采用半直立姿势的。除了类人猿，还有一种动物和人类有亲缘关系，那就是黑猩猩。猩猩和人类较亲近，主要是因为它的基因和人类的基因基本相似，只有大约2%的差异。但就是这2%的差异使人类成了高智慧的生物，而猩猩只是一种比较接近人类却并不是人类且智商也不高的动物。了解了和人类亲缘关系较近的动物后，是不是突然觉得人类其实也很了不起？

从猿到人类，进化的启示

虽然我们从古猿化石、人类化石中得到了这么多的有趣的知识，但这些化石的数量却远远不够我们的研究需求，还是有许多的关键的东西还埋在地下，等待我们去发现。而且我们发现，这些化石的存在在时间、空间上也是不连续的，也就是我们对猿到人类的进化过程只有初步了解的程度。尽管如此，我们还是收获了很多令人惊叹的结论和认识，那么在这个初步认识的进化过程中，我们到底得到了一些怎样的启示呢？第一，我们知道了人类是由古猿进化而来，然后经过几个阶段，才发展成今天现代人的模样。这就可以把人是由上帝创造出来的或人是由女娲娘娘造出的等说法统统推翻，相比这些说法，人类是由猿变的更有科学依据。第二，猿类为什么会从动物变成人类呢？根据科学家的解释，气候变化是促进猿类转化成人的主要原因之一，气候的变化迫使猿类做出有利于它们生存的决定，更好的进化才能生存下去，也就是环境使它们选择进化为人类。第三，在整个自然界中，人和动物都在进化，为什么人类进化的很快，而其他的动物进化的很慢？首先动物在漫长的

时光中，是通过突变和自然淘汰而进化的，而人类则在很短的时间内发展和演化出不能够遗传的继承和演变系统，换句话说，就是通过某种方式将知识和传统留给了后代。当然这主要是因为人类的大脑比任何动物的都要发达。人类能够利用环境创造出适合自己生存的条件，并渐渐的加强对环境的控制力量，比如，烤火、制造工具、住山洞等来让自己生存。

小链接

　　其实在很久以前，就有人提出了一种观点，那就是人类的祖先是猴子，我们都是从猴子变来的，只不过一直都只是猜测而已，没有直接的证据。所以大多数人仍然还是相信人类是上帝创造出来的。那么人类到底是怎么来的呢？首先，我们知道人类是地球上的一种拥有高智慧的生物，《现代汉语词典》也把人类解释为一种能制造工具，并能熟练使用工具进行劳动的高等动物。这样的高级生物绝对不是凭空出现的，也不是西方神学宣传的人类出现都出于超自然的神或者上帝创造。随后，科学家达尔文提出自己的观点，认为人类起源于类人猿，也就是人类是白猿演变来的。

师生互动

学生：老师，人类以后还会进化吗？

老师：关于这个问题，有两种说法，有的人认为人的进化已经走到尽头，这部分人觉得人已经不再尊重环境和自然了，并且试图改造环境，控制自然，而且人类还有一些致命的弱点，比如，一旦发生大的灾难，人类毫无抵抗力。另一部分则认为，我们的身上还会有变化，因为人类已经适应周围环境的变化，并且在大脑思维能力日益增强的影响下，人类还是会进化的。

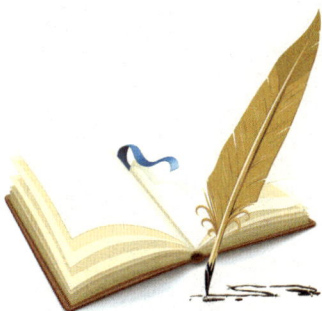

为什么鸡和鸭长的不一样

◎ 智智最近有一件很烦恼的事情，那就是
他分不清楚鸡和鸭到底有什么区别。
◎ 在农民伯伯家里，别的小朋友一下子就
把鸡和鸭子给分辨出来了。
◎ 智智一直想不明白，鸡和鸭到底有什么
不一样呢？不是都是黄色的，长着毛的
东西吗？

终于明白了，原来小鸭子是能游泳的，而小鸡就不行。

生活中的鸭是什么样子呢？

　　鸭子和鸡一样，在我们的生活中扮演着不同的角色，在农民伯伯家里就是他们饲养的家禽，在餐桌上就是一道美味的食物，在自然界中就是一群生活的无忧无虑的小野鸭，不管是哪种角色，鸭子在我们眼里都是很可爱的。它有很可爱的外形，比如，体型小、颈短，有两只可爱的

蹼等。它不仅深受农民伯伯们的喜欢，还能成为一种商机。凭借着可爱的外形和营养丰富的肉质，小鸭子也深受小孩子和爸爸妈妈们的喜爱，从而使做生意的老板将小鸭子作为他们品牌的代言人，做起了广告，受到热烈的追捧。这是广告中的小鸭子，才能这么可爱，生活中的小鸭子也可爱，不过也有点小脾气，小闹腾，让饲养它们的人们哭笑不得。鸭

子的腿呢，位于后方，所以跑起来的时候总是一颠一颠的，步态蹒跚的令人发笑。鸭子爱游泳，经常在水中吱嘎吱嘎的叫，表示它们的快乐与开心，有时候它们宁愿待在水里，也不愿意在陆地上跑来跑去。每年鸭子都要换羽两次，就像小孩过年要穿新衣服一样，换好羽毛的鸭子也比之前的样子更精神。它们生宝宝的时候，不喜欢被人打扰，会找一个僻静的地方生下孩子，每次生的宝宝都有好多，在鸭妈妈寸步不离的细心孵育下，过了一段时间后，蛋宝宝们全都从蛋壳中伸出脑袋，好奇的观看周围的世界，然后就伸展出它们的小身体围绕在鸭妈妈旁边叽叽喳喳的叫唤，非常可爱。其实生活中的鸭子就是我们平时看到的样子，可

爱，有点小呆笨，是一群普通却又让人十分喜爱的小动物哦！

都是鸟类，鸡、鸭与鸟类的差别在哪里？

介绍完鸭子的外形后，我们会发现鸭子的生活和小鸡的生活有很多相同的地方，比如，小鸡也会生很多宝宝，然后要孵育一段时间后，小鸡崽子才能破壳而出；还有小鸡也像小鸭一样平时都是在陆地上生活

的；最重要的是，小鸡和小鸭都是鸟类。鸟类的话，也像它们一样会孵蛋，会群居生活，但特别的一点是大部分鸟类都是会飞的。而鸭子也跟鸡一样，家鸡、家鸭是不能飞的，只有野鸡、野鸭才会飞。鸡、鸭与鸟类的差别之一就是是否能飞的问题，前文中曾仔细讲述鸡不能飞的原因，在这里就不再重复，鸭不能飞的原因跟鸡不能飞的原因是相同的，都是因为在人类的饲养下而失去锻炼的机会，从而没有了飞行的功能。

有一个童话，说是在一个美丽富饶的小岛上，小鸭子和许多长着翅膀的小动物幸福美满的生活着，但是有一天它们长大了，想去看外面的世界，就想通过飞行，飞过那一望无际的海洋。所有的小动物都开始尽自己的力量努力展翅飞翔，但是飞过大海一点都不容易，有的飞过了海洋，在新的天地中飞翔，有的掉入了海里，成为海里的鱼，拥有了另一个不一样的人生。唯独只有小鸭子，不敢飞，害怕，于是就被同伴留下了，天鹅走的时候极力劝说鸭子让它跟他走，但鸭子放弃了，它觉得现在的生活很好，为什么还要去别的地方。结果小鸭子一辈子都不会飞翔。这个童话借鸭子不能飞的故事巧妙的向大家讲述了一个道理，不敢闯的人永远只会一事无成！

终于可以解决这个问题了，是啊，为什么呢？为什么它们明明都是鸟类，却向不同的方向进化呢？只有一个原因，因为它们是不同的物种。就像植物和动物的区别一样，就是两个完全不同的物种。鸟类也分很多种，每个种群里都有不同的族群，按这样的顺序下去，鸟类其实是一个很大的家族，而鸡、鸭只能算得上是其中的两个很小的分支，虽然都是鸟类，但不是同一物种，不是同一物种就不能进化为相同的样子。

鸡、鸭，不同的进化！

大家知道为什么自然界需要这么多的物种吗？明明只有一类的动物的话，就不会因为抢夺粮食而导致动物间的自相残杀，也不会占用自然界的物资资源，破坏自然界。因为自然界是一个大家庭，如果只有一个物种的话，那么这个家庭也会破灭的。家庭不光要有一个大房子，还需要有家庭成员，没有家庭成员分工合作，共同经营这个家的话，家庭也会消亡的。大自然就是所有物种的家，环境是房子，而物种就是家庭成员，少一个物种，就会破坏这个家庭，它们都各自有在这个家里工作，来维系家的平衡。现在我们经常听到，某某动物灭绝了，这不仅令人很

难过，对自然界来说又增添了一丝的危险，往往有时候突然发生的大灾变就是因为物种的消失引起的。所以物种的多样化非常重要。鸡和鸭虽然是不同的物种，但却保证了物种的多样性，它们的进化对自然界来讲，就相当于看到孩子长大而已。所以不要伤害身边的动物，如果它们中间的某一种消失了的话，对我们人类来讲就是毁灭性的灾难！

小链接

鸭子和鸟类有什么不一样呢？

鸭子非常擅长游泳。这一点，鸡也比不上小鸭子。其实看到这些差别，我们也差不多明白了进化的威力，因为每个种群都有自己的特点，所以它们才能在复杂的大自然中存活下来。

师生互动

　　学生：老师，为什么物种对自然界那么重要呢？

　　老师：因为大自然需要它呀。如果没有它的话，大自然就不会有生命，也不会有现在人类很喜欢的资源啊，可以这么说，没有物种，这个世界都不可能存在。

生物中的活化石

◎ 智智最近去了博物馆，也见到了很多恐龙化石。

◎ 智智为了找活化石，天天到图书馆找书看。

◎ 终于，智智在一本书上发现了活化石的照片，原来，活化石和恐龙化石是完全不一样的！

原来，活化石和恐龙化石是完全不一样的！

化石是不是石头呢？

什么是活化石？

　　化石，我们大家应该都听说过，那么生物中还有活化石吗？这简直是闻所未闻的。但是不要怀疑，生物中真的有活化石的存在哦！只不过，这种活化石不是像冷冰冰的石头一样，只能让大家见到生物体的残骸来推测这究竟是一种什么生物以及它具有哪些功能。生物活化石指的是那些虽然在历史的长河中经历了很多的变动，但是通过自己顽强的生

命力生存了下来，并和之前相比没有太大变化的生物。研究这些生物，可以帮助我们很好的了解在远古时期究竟发生了什么事情，为什么有些生物能够生存下来，但是有些生物却被淘汰了。今天，我们一起来看看大自然中究竟有哪些生物活化石吧！

在绚丽多姿的大自然中，究竟什么样的生物才能称得上是活化石呢？专家们讨论了很多年，终于决定，要成为活化石，必须满足四个条件。这四个条件是根据古生物学研究出来的。那么，究竟是哪四个条件呢？就让我们一起来看看吧！首先，第一个也是最重要的条件就是同时代的其他生物早就已经灭绝了，但是它却顽强的生活了下来。我们都知道，在地球形成初期，世界上几乎是没有生物存在的。后来，因为地球的环境在慢慢变化，原本不适宜生物生活的条件得到了改善，所以各种各样的生物开始渐渐出现。但是，那个时候的地球也是极其不稳定的，时常会发生各种灾难。比如，说气候会突然变得太冷或太热，这些都是

导致生物难以生存的最主要原因。但是，活化石们却勇敢地克服了这些困难的条件，生存了下来。它们也足够配得上这个称号。第二个条件是在历史发展的过程中，活化石们在很长一段时间里都没有进化。这也是非常重要的一点。如果活化石们发生了很大的改变，那么我们现在看到的它们就已经不是原本的样子，也就很难说它们是历史悠久的生物了。第三点比较抽象，生物活化石应该也是没有分支进化的。那么，什么是分支进化呢？其实，分支进化就是指它本身并没有太多的改变，但是在一些旁枝末节的小地方却出现了改变，变得能够适应频繁变化的环境了。第四个条件就是活化石应该是现存的物种，同时它们现在也是处在停滞进化的过程中。在我们现今所存的这么多物种中，确实有那么一些生物还保留着最原始的特征。这便是成为活化石的四个条件，也是我们辨别活化石常用的方法。

被誉为活化石的古树

我们现在已经知道什么是生物活化石了，那么，在我们的生活中，有哪些生物活化石存在呢？在我们中国，被誉为活化石的生物不少，但是其中比较有名的恐怕就是银杏了吧！银杏树又被称为白果树，早在二亿七千多万年前，银杏树的祖先就开始出现在地球上了。要知道，在二亿七千多万年前，还没有什么高等植物存在，满世界遍布的就是蕨类植物。和蕨类植物相比，银杏树绝对称得上是高等植物。后来，时间推进到了恐龙的年代，那是大约一亿七千多万年前，银杏树和恐龙一起，成为了地球上的霸主。不过很可惜的是，恐龙因为当时环境的剧烈变化而灭绝了，而绝大部分的银杏也随着恐龙的灭绝而消失，留下来的一些稀少的银杏树便成了我们现在看到的这个样子。现在，银杏树只能在我国的部分地区找到，而且非常稀少，已经成为地球上的稀世珍宝了。你知道吗？银杏树也是像动物一样分为雌雄的呢！雄的银杏树只长雄性的

花，雌的银杏树只长雌性的花，只有这两种花相互交配受精后，银杏树才会结出圆圆的果实，而这种果实就被称为白果，也就是银杏的别名来源。如果我们往回去看银杏树的历史，我们会发现银杏的生存其实是十分不容易的。在和恐龙同时称霸的年代，银杏是当时植物中的主宰，但

是一场巨变却使得它几乎失去了全部的亲人。树也是有感情的，在遇到巨变之后再想生存是多么的不易啊！现在，银杏是裸子植物银杏纲里面唯一存留下来的一个钟，现在只有在浙江的天目山一带还能见到一些野生银杏树的影子，在别的地方，几乎都已经见不到银杏的身影了。正是因为银杏的稀有，现在还有人将银杏树称为植物中的"熊猫"。

大熊猫也是活化石？

在我们生活的大自然中，有很多珍奇的生物存在。如果让你选择，

你最喜欢的是哪一个？其实，有时候选择太多了也不是一件好事。这么多的生物中，很难说清楚最喜欢的到底是哪一种生物。但是，我们能够知道的一点就是，作为中国的国宝——大熊猫，必定受到了很多人的喜爱。说起来，大熊猫已经在地球上生存了 800 多万年呢！据历史资料考证，大熊猫的历史比人类的还长，早在人类出现以前，大熊猫就已经在森林中出现了。大熊猫最迟出现在晚中新世，它们的直系祖先是始熊

猫，最喜欢生活在炎热潮湿的森林里。你别看现在的大熊猫这么稀少，它们可是也有过自己的鼎盛时期的呢！在距今 60 万年前的更新世中期，大熊猫的发展到达了鼎盛时期，它们在中国的南部、中部、西部和北部广泛地出现，还形成了很多的群落。和大熊猫同时期的其他生物，比如，剑齿象、剑齿虎等都已经因为气候的剧烈变化和食物的减少而灭绝

了，但是大熊猫凭借自己的毅力生存了下来。现在，大熊猫已经成为我国的国宝了，目前主要生活在四川地区。

大熊猫是世界上最珍贵的动物之一，它的祖先其实是非常喜欢吃肉的食肉动物，但是，发展到现在的大熊猫却是喜欢吃素的动物。大熊猫最喜欢吃的食物是什么？大家肯定能够异口同声地回答："箭竹!"没错，大熊猫最喜欢的食物就是箭竹了，一只成年的大熊猫，每天可是要吃20千克左右的新鲜的箭竹的呢！现在，人们也喜欢把大熊猫叫做"活化石"，这是因为在漫长的历史进程中，大熊猫几乎没有什么变化。正是因为大熊猫的这个原因，它在现今地球上的数量才越来越少，因为它难以适应不断变化的环境。

小链接

在我们的生活中，活化石有这么多种，那么它们究竟是怎么存活下来的呢？它们和进化究竟又有着什么样的关系呢？在我们之前提到过的活化石中，大熊猫是一个比较特殊的存在。这当然不仅仅是因为大熊猫是我们国家的国宝，还因为大熊猫在历史的过程中还是有过一段时间的进化的。古生物学家经过长时间的实地考察后发现，始熊猫的主枝是在中国的中部和南部地区的，其中的一种类型是在距今约300万年的更新世前期出现的。始熊猫的体型比现在已知的大熊猫要小，而且它已经进化成为兼食竹类的杂食兽了。后来，由于受到环境的影响，始熊猫开始向别的地方扩展，甚至在越南和缅甸的地区都发现了始熊猫的踪影。

师生互动

学生：大熊猫这么珍贵，我们为什么不在另外的地方也饲养大熊猫呢？

老师：这当然是有原因的，而且这个原因还几乎是很难克服的。前面我们已经介绍过了，大熊猫现在是依赖竹子生活的，而且它还是一个非常挑食的宝宝，只吃生长在四川卧龙地区的箭竹。这也是导致大熊猫数量越来越少的原因之一。在很久之前，人们并不知道大熊猫有这么珍贵，所以也就没有好好保护大熊猫赖以生存的箭竹，四川的箭竹遭到了大量的砍伐。等到人们意识到大熊猫的珍贵时，伤害已经造成了，所以现在大熊猫的数量才会变得这么稀少呢！

孟德尔的豌豆实验

◎ 最近，智智在学习历史上有名的人物，不过，遇到了一个他不认识的人，对他可好奇了。

◎ 智智不认识的人就是孟德尔，智智不知道应该找谁问。

◎ 有一天，智智把自己的烦恼告诉了爸爸，爸爸给了他答案。

孟德尔是谁啊？谁来帮我解决这个问题！

孟德尔是研究生命是怎么遗传下来的人。

生命的遗传

在遗传学上，有两个重量级的人物大家一定要知道，第一个是奠定遗传学基础的孟德尔，另一个就是完善了孟德尔理论的摩尔根。今天，我们首先要接触的就是孟德尔。但是，你知道孟德尔是谁吗？你有了解过豌豆也是可以杂交的吗？孟德尔对于遗传学最重要的贡献就是提出了孟德尔定律，在没有任何精细设备的基础上发现了生物遗传的规律。现在，就让我

们一起走进孟德尔的世界，看看生物的遗传规律到底是怎么样的吧！

大家对孟德尔的了解可能就是从他做的豌豆杂交实验开始的。但是，你知道吗？在成为一名遗传学家之前，孟德尔首先是一名牧师。1822 年，孟德尔出生于奥地利，1843 年，因为家里过于贫困，孟德尔选择了辍学到圣奥斯定隐修院做修士，四年后，孟德尔就被任命为神父了。也就是在孟德尔被任命为神父之后，他被委派到当地的一所中学做

希腊文和数学的代课教师。1853 年，他被重新调回修道院。1856 年，孟德尔在自己的修道院附近种了很多蔬果，一些给自己吃，一些用来接济当地贫困的家庭。在这个过程中，孟德尔发现，豌豆的长势老是不好，而且收成还一年比一年差。为了了解为什么豌豆会出现这样的情况，孟德尔就开始了自己的豌豆杂交实验。结果一做，就做出来不得了的结果。不过，这也取决于孟德尔善于观察。在进行豌豆实验的过程中，孟德尔不放过任何一个小细节。因为曾经修过数学和物理的关系，

孟德尔对数字以及它们之间出现的关系非常敏感。我们现在熟知的孟德尔遗传定律就是这么出来的。

孟德尔为什么选择豌豆做实验?

大家在学习孟德尔遗传定律的时候会不会有这样的一个疑问，为什么孟德尔选用的是豌豆来做实验而不是其他的生物呢？这个问题其实是非常关键的，如果选用的是其他实验材料，孟德尔可能就不会发现遗传定律了。豌豆有一些特别的性质使得它成为研究遗传现象的最好材料。首先，豌豆有一些稳定的并且容易区分的性状，这就很符合孟德尔实验的要求了。而这些性状指的就是生物体的形态、结构和生理及生化等特性。对于豌豆来说，它开花的颜色会因为个体的不同而出现差异，就比如说开白花的豌豆和只开白花的豌豆种在一起，那么最后开出来的花几乎都是白色的。这说明豌豆花的颜色这种性状是比较稳定的。又比如说，有些豌豆的茎长的比较高，而另一些豌豆的茎就长的比较矮了。那么，这些豌豆为什么会有这么多的不同呢？如果把高茎的豌豆和矮茎的豌豆种在一起，最后种出来的会是什么样的豌豆呢？这些问题都是孟德尔关注的重点。除此之外，豌豆还有一些比较明显的容易区别的特征，比如，豌豆的花颜色有红色和白色之分，种子的形状有圆粒和皱粒之分等。为了方便研究和分析，孟德尔先是只针对一种性状进行实验，得到实验的结论后再分析子一代中为什么会出现这样的结果。就这样，孟德尔对豌豆进行的实验持续了好几年，他将豌豆的 7 对相对性状都进行了研究和分析，最终得出了自己独有的结论。

在孟德尔得出的定律中，豌豆是一个很特殊的存在。它既是孟德尔的实验材料，也是一种我们生活中常见的植物。那么，孟德尔的豌豆杂交实验究竟是怎么样的呢？孟德尔在做实验的时候，主要采用的就是杂交法。他先用纯种的高茎豌豆和纯种的矮茎豌豆作为亲本，然后在它们

不同的植株间进行异花传粉。结果，孟德尔惊奇地发现，无论是用高茎的豌豆做母本，矮茎的豌豆做父本；还是将两者调换，用高茎的豌豆做父本，矮茎的豌豆做母本，得到的结果都是一样的，那就是子一代植株

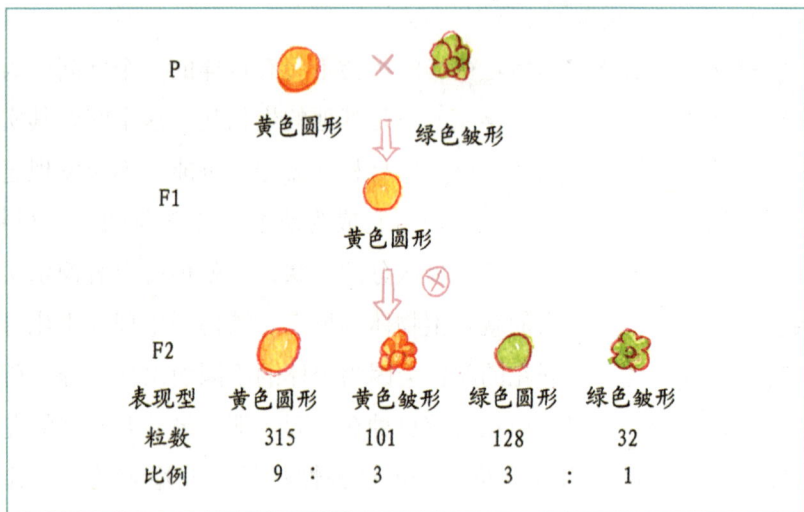

P	黄色圆形	×	绿色皱形	
F1		黄色圆形		
F2 表现型	黄色圆形	黄色皱形	绿色圆形	绿色皱形
粒数	315	101	128	32
比例	9 :	3	3 :	1

都表现为高茎。也就是说，豌豆的高茎还是矮茎在子一代中只表现出一种性状——高茎，而另一种性状则被隐藏了。后来，孟德尔为了证实这不是偶然，又拿纯种的红花豌豆和纯种的白花豌豆进行实验。在不断地重复正交和反交之后，得到的子一代竟然全是红花豌豆，豌豆的白花性状也被隐藏了！历史总是相似的，不同实验的结论告诉孟德尔，这有很大的可继续研究的价值。于是，孟德尔就把在这一对性状中，子一代能够表现出来的性状比如说高茎和红花，叫做显性性状，意思就是能够表现出来的性状，而把在子一代中没有表现出来的性状比如矮茎和白花叫做隐形性状。孟德尔在接下去的对豌豆其他的5对相对性状的研究中，也得到了相同的结论，这些事实都有力地说明了在生物体内，的确有着这样一种物质，它在从父母传递到孩子的过程中，会遵循一定的规律，并从而在子一代身上表现出来。

孟德尔定律的出世

在前面已经说到，孟德尔在研究豌豆的一些性状过程中发现了显性性状和隐形性状的存在。显性性状在子一代身上已经表现出来了，那么，和显性性状一起存在的隐形性状究竟跑到哪里去了呢？它们是不是

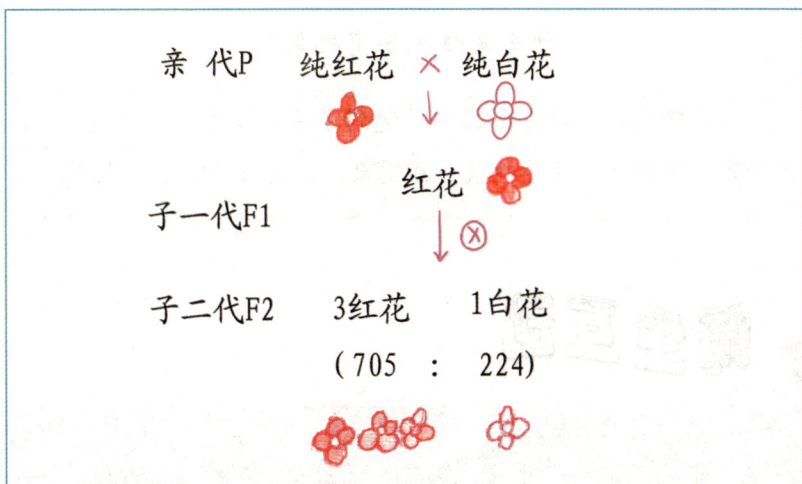

亲 代P　　纯红花　×　纯白花

子一代F1　　　　　红花

子二代F2　　3红花　　　1白花
　　　　　　（705　：　224）

就从此消失了呢？为了解开这些疑问，孟德尔的豌豆杂交实验还在继续。在得到子一代的植株之后，孟德尔让子一代的高茎豌豆自花传粉，然后把结出的子二代的种子播种在田里，希望能看到子二代出来会是一种什么样的结果。第二年，孟德尔终于得到了子二代的植株。可是这次的现象却和之前有很大的差别。在子二代的植株中，出现了矮茎的豌豆！这又是怎么回事呢？孟德尔仔细观察后发现，矮茎出现的概率比高茎出现的概率明显要小。于是，孟德尔继续对其他的性状进行分析，还是一样的结果。他据此得出了自己的结论：生物性状的遗传是由遗传因子决定的，它在体细胞里面是成对存在的，其中，一个遗传因子来源于

父本，另一个来源于母本。在形成配子的时候，这两个遗传因子彼此分离，各自进入到一个配子中。这样，在每一个配子中，都只含有遗传因子中的一个成员，它可能是来自父本的，也可能是来自母本的。

小链接

什么是性状分离现象？

当显性的因子对隐形的因子起到了决定作用时，只有显性因子表现出性状。这是性状分离现象，也是遗传因子假说。

师生互动

学生：可是，孟德尔为什么想要用豌豆去做杂交实验呢？

老师：其实，一开始孟德尔用豌豆做实验并不是为了研究遗传规律而进行的。应该说，孟德尔一开始的目的相当单纯，他只是看到自己种的豌豆每年的收成都不好，于是他想要试试看，将两种不同的豌豆一起种会不会能得到更优良的品种呢？正是这样的一个契机，让孟德尔开始了对豌豆的研究。谁知，实验的发展最终超出了孟德尔的预计，优良的品种没有得到，但是随着实验数据的渐渐增多，孟德尔发现不同性状的豌豆一起栽种后，得到的子一代有某些还没被人发现的规律存在。这引起了孟德尔极大的兴趣，他想要再继续研究看看，生物的遗传是不是真的有一定的规律存在。就这样，孟德尔定律就偶然地出现了。

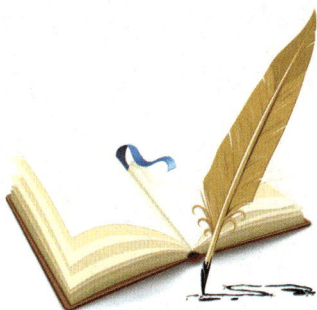

什么是遗传物质

◎最近，智智的班上新转来了两个学生，
　他们是一对双胞胎，长得非常像。

◎智智盯着他们看了半天，也没有发现他
　们有什么区别。

◎智智好奇地问双胞胎，在家里的时候，
　妈妈都是怎么分辨兄弟俩的呢？

◎在双胞胎家里，妈妈正在给兄弟两个洗
　澡，原来，哥哥的耳朵后面有痣，但是
　弟弟却没有。

孟德尔实验告诉我们什么？

在孟德尔的豌豆杂交实验中，子一代的豌豆所具有的性状应该是亲代性状的结合。那么，为什么会出现这样的现象呢？为什么有些豌豆的性状在子一代身上就看不到了呢？这里面到底是什么物质在起着作用呢？孟德尔曾经提出过遗传单位的概念，那么，生物体内真的有这样的

遗传单位在起着作用吗？如果有，它们又是怎么工作的呢？这些问题涉及到了生物的进化和繁殖，科学家直到现在还在研究。不过，现在我们可以知道多的就是，目前已经确定生物体内有这种遗传物质的存在，使得亲代的某些性状能在子代的身上体现。就像我们在生活中常常能听到有人说孩子和父母长得很像一样，生物也是一代代地将遗传物质传递下去的。那么，今天，就让我们一起走进遗传物质的探索之旅吧！

　　遗传物质就是亲代和子代之间传递遗传信息的物质，说得通俗一点，就是爸爸妈妈遗传给你的东西。遇到刚刚出生的小朋友，我们常常会讨论说，他的鼻子长的像谁，嘴巴和眼睛长得又像谁，这其实就是遗传的一种。就好比血型，通常两个都是 A 型血的爸爸妈妈是生不出 B 型血的孩子的。那么，遗传物质究竟在我们的生活起着什么样的作用呢？它是具体存在的还是我们臆想出来的呢？科学家已经为这个问题找到了答案。除了一部分病毒的遗传物质是 RNA 之外，包括人在内的生物的遗传物质都是 DNA，只不过，每个人，每个生物的 DNA 都会有些不同。现在，在生物学上习惯把 RNA 和 DNA 统称为核酸。所以，一般我们说的时候都会说核酸是遗传物质。那么，在生物体内，这些核酸都是存在于哪些部位的呢？现在的研究已经发现，核酸一般都是存在于生物的细胞核内的，RNA 和 DNA 分子会出现在生物的染色体上，与蛋白质一起是组成细胞核的重要物质。遗传物质对生物是非常重要的，它决定了这个生物将会长成什么样子。就像中国的古话里说的那样："龙生龙，凤生凤，老鼠的儿子会打洞。"大象和大象生出来的孩子就是小象，不会变成熊猫的。这就是遗传，也是生命的一种传承，值得每个人敬畏。

人和其他生物的遗传物质是一样的吗？

遗传物质是每一种生物都具有的。那么，人作为自然界中最高等的生物，它的遗传物质和其他生物的遗传物质会是一样的吗？很明显，如果一样的话，那么世界上存在的就都是人了，而不是其他的物种了。即使是在我们人类内部，每个人的遗传物质也是不尽相同的。那么，人和其他的生物在遗传物质上究竟有什么差别呢？首先，人的遗传物质是 DNA，而有些病毒的遗传物质却是 RNA。其次，人有 46 对染色体，而其他生物的染色体对数会因为生物种类的不同而不同。这些都是主要的差别，还有很多细小的地方也存在很大的差异。不知道大家有没有见过双胞胎？双胞胎长得很像是一件非常平常的事情，而有时候双胞胎会让不熟悉他们的人完全分不出来，可是爸爸妈妈或者是亲近的人却能很快分辨出来，这又是为什么呢？其实，这就说明即使是长得再像的双胞胎也会在某些地方存在差异。比如，双胞胎中的一个可能没有胎记，而另一个却在耳朵后面有胎记。再比如说，双胞胎中的一个眼睛旁边有颗痣，而另一个眼睛边上却是干干净净的，什么也没有。这些都是在妈妈

体内就已经决定好的特征，这一方面方便爸爸妈妈和亲人们分辨出双胞胎谁是谁，另一方面也说明，世界上没有任何一样东西长的是一样的。这便是遗传的威力，也是人在进化过程中逐渐形成的规律。

哪些实验证明了遗传物质的存在

从孟德尔发现遗传规律到现在已经有好几百年了，在这么长的时间里，科学家对于遗传物质又有哪些发现呢？在孟德尔之后，科学家通过一系列的实验已经发现，生物的遗传物质应该是存在于细胞核内的，可是细胞核内除了有染色体之外还有蛋白质的存在。到底里面的哪个物质才是真正的遗传物质呢？虽然我们现在已经知道位于染色体上面的DNA才是大多数生物的遗传物质，但是当时人们关于这个问题的争论可是异常激烈的呢！大家都各说各的理，谁也说服不了谁，所以只能用

实验来证明究竟是 DNA 还是蛋白质承担了生命的这个重任。1928 年，英国的细菌学家格里菲斯用 R 型和 S 型的肺炎双球菌进行转化实验，R 型菌是对小鼠无害的，而 S 型菌是能够导致肺炎最终使小鼠死亡的细菌。结果，格里菲斯发现，当他将少量的已经被杀死的 S 型菌和活的 R 型菌混合后注入小鼠体内，结果小鼠还是死亡了，并从小鼠体内检测出活的 S 型菌。这说明在 S 型菌体内有一种物质能够使得 R 型菌转变成 S

型菌。这种物质究竟是什么呢？后来人们经过研究发现，是 S 型菌体内的 DNA 使得 R 型菌发生转化的。在格里菲斯之后，还有很多人对到底蛋白质是遗传物质还是 DNA 是遗传物质进行了很多研究，其中就有著名的 T2 噬菌体侵染实验。在试验中，赫尔希和蔡斯证明了遗传物质是 DNA，但是并没有证明遗传物质不是蛋白质。

在人们对遗传物质 DNA 和 RNA 研究的热火朝天的时候，大家都认为生物的遗传物质至少是 DNA 和 RNA 中的其中一个，但是，有一种生

物的出现却彻底改变了这种想法，它就是朊病毒。朊病毒其实就是蛋白质病毒，它只有蛋白质，没有核酸。你知道 1996 年在英国蔓延的"疯牛病"吗？这场由病毒引起的牛的瘟疫不仅使得英国当时的政治和经济动荡不安，还波及到了整个欧洲社会，引起了很多人的恐慌。因为人在不知道牛染病的情况下食用这些牛肉，就会导致原本只是存在于牛体内的病毒转而进入人体，在人体中寻找位置安家的病毒一旦发现有合适的位置，就会抢夺体内正常细胞的营养，还会因此而导致人类患病。这便是朊病毒的威力，也在一个侧面说明了蛋白质也是能够遗传的，只是这种遗传一般都是存在于病毒里面的。那么，朊病毒又是如何进行复制和繁殖的呢？大家都知道，有核酸的生物都是通过 DNA 或者是 RNA 分子进行转录和翻译的，但是只有蛋白质的朊病毒又是怎么做的呢？科学家经过很长时间的研究后发现，朊病毒一般都是寄生在寄主体内的，当它需要繁殖下一代的时候，寄主体内的某些物质就会给它的繁殖做好准备，比如，合成朊病毒需要的一些信息很有可能就存在于寄主细胞里，而朊病毒需要用到这种信息的时候，就会激活这些编码基因，从而使得自己能够顺利繁殖。这当然也只是科学家的一个猜测，具体的复制过程是怎么样的，科学家到现在也没有弄明白，相信在不久的将来一定会取得更大的进展。

小链接

　　T2 噬菌体是噬菌体的一个品系，它是一种专门寄生在细菌体内的病毒，有着蝌蚪状的外形，外壳是由蛋白质构成的，而头部包裹的 DNA 就是它的遗传物质。T2 噬菌体专门感染大肠杆菌，是做生物实验非常好的一种材料。

师生互动

学生：遗传物质真的好复杂啊！不过，现在科技这么发达，人们已经把遗传物质的问题都弄明白了吗？

老师：你刚刚也说了，遗传物质是非常复杂的，而且一旦涉及生命体的问题，都会因为个体的不同而存在差异。你想啊，我们现在的地球上已经有那么多生物了，如果把每一个生物的遗传物质都弄清楚，那是一个多么浩大的工程啊！再说了，即使只是把人的遗传机理和遗传物质都弄明白，那也是非常困难的呢！所以，这需要科学的进一步发展，也需要足够多的时间和金钱去进行实验。

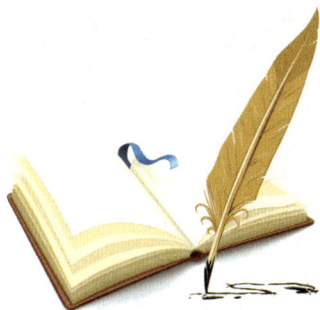

遗传学之父——摩尔根

◎ 在智智的学校里，教室周围的走廊上挂
　着好多科学家的照片。
◎ 其中一张长着胡子的科学家照片最让人
　好奇。
◎ 智智让爸爸帮他找这个科学家的资料。
◎ 智智发现，原来这个科学家就是遗传学
　之父摩尔根。

摩尔根是谁?

学过生物的同学，对摩尔根一定不会陌生。如果孟德尔被称为是遗传学的奠基人的话，那么摩尔根就是遗传学之父。在遗传学上的贡献，摩尔根不会比孟德尔少。摩尔根是美国著名的进化生物学家，他不仅发现了染色体的遗传机制，还创立了染色体遗传理论。在 1933 年的时候

获得了诺贝尔生理奖。摩尔根从很小的时候开始就非常热爱大自然，童年时代，他几乎就是在美国的山村和田野中度过的，在和大自然密切相处的过程中，摩尔根发现，自己对这个神秘的大自然充满了好奇，为什么天是蓝的？为什么鱼能在水里游而鸟却只能在天上飞？小时候的摩尔根脑袋里装满了各种奇奇怪怪的想法，还经常和自己的同伴在森林里玩探险游戏。这些幼年时的经历使得摩尔根对自己从事的职业充满了热情。说起来，摩尔根最开始选择的是胚胎学。但是要知道，胚胎学和遗

传学是脱不了关系的。要研究胚胎，就需要明白胚胎是从什么地方来的，它又是怎么来的？这是生物繁殖的一个过程，也是进化最有可能发生的地方。

　　对于摩尔根来说，遇到果蝇这种生物便是他人生转折的开始。在果蝇身上，摩尔根得到了在遗传学方面最大的突破，也让他开始重新认识

果蝇这种生物。果蝇因为个体小又很轻便，所以人们才给它取了这个名字。而在摩尔根看来，果蝇在遗传学上的巨大作用才是它价值的最好体现。

摩尔根一开始拿果蝇做实验是非常偶然的。当时，摩尔根在实验室里做有关性状遗传的实验，用的都是实验常用的动物，比如，小白鼠之类的，但是最终得到的结果却并不理想。就在这时，摩尔根的朋友告诉他，用果蝇来做实验可能会有意想不到的结果。摩尔根抱着试试看的心态用了果蝇。他先把果蝇放在黑暗的环境中培养很多代，当时摩尔根受到拉马克用进废退的理论影响很深，他认为果蝇在后天获得的性状也是可以遗传的。所以他将果蝇放在黑暗中培养就是为了证明在一段时间后，果蝇的视力应该逐渐退化，并把这种性状传递给它的子代。但是结果却令摩尔根很失望。

后来，摩尔根重新开始用果蝇做实验，这次，他用的是白眼果蝇，在研究白眼果蝇的过程中，摩尔根发现果蝇眼睛的红色在子代中的规律和孟德尔说的有些不同。于是，他继续着自己的研究，终于在不懈的努力后发现了连锁与交换定律，这既是一种新的遗传学上的规律，也是对孟德尔定律的补充，引起了当时极大的轰动。

伴性遗传的发现

在摩尔根研究白眼果蝇的过程中，他发现孟德尔的遗传定律有一些不完善的地方出现。而这个发现，便是一只白眼果蝇带给他的灵感。在自然界中，野生的果蝇眼睛都是红色的，但是在 1910 年的一天，摩尔根的夫人在外出游玩的时候偶然发现了一只白眼果蝇。她觉得这个事情很奇特，就在回来的时候把这件事告诉了自己的丈夫。如果按照基因学的角度来解释，白眼果蝇的出现是发生了基因突变。

为了证明自己的这个猜测，摩尔根把这只白眼雄果蝇和普通的红眼

雌果蝇进行交配，结果得到的子一代全部是红眼的果蝇。这个事实就说明红眼是显性性状，而偶然出现的白眼是隐形性状，完全符合孟德尔定

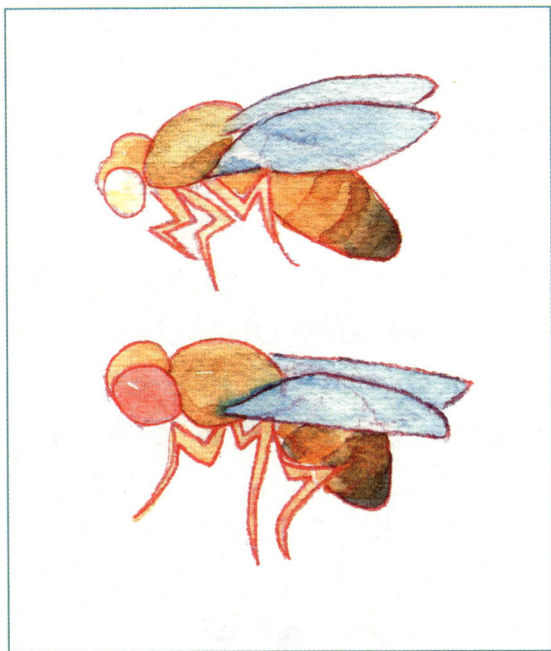

律。摩尔根继续着自己的实验。它让子一代的果蝇进行交配，10天后又得到了子二代的果蝇。如果不论果蝇的雌和雄，那么得到的果蝇眼睛的颜色有四分之一是白色的，有四分之三是红色的，符合孟德尔基因型比例的3：1。但是，如果将果蝇用雄雌来分类，那么雌果蝇都是红眼的，而在雄果蝇中，有一半的果蝇是红眼的，而另一半却是白眼的。为什么白眼都出现在雄果蝇的身上呢？是不是果蝇的性状在遗传的时候，还有我们不知道的规律存在呢？摩尔根又进行了深入的思考，他再让最初发现的那只白眼雄果蝇与子一代的红眼雌果蝇交配，结果生出来的果蝇无论是雌的还是雄的都是各占一半的，这也是完全符合孟德尔遗传定律的。在反复研究实验结果后，摩尔根提出了自己的想法：可能决定果

蝇眼睛颜色的基因是存在于性染色体上，所以红眼果蝇和白眼果蝇的比例是和性别有关的。如果按照摩尔根的这种假设去解释果蝇眼睛颜色的遗传规律，就完全能够解释的通了。这便是摩尔根提出的"伴性遗传"，也就是说有些基因是会跟着性染色体进行传递的。

连锁与交换定律

在发现了果蝇的伴性遗传后，摩尔根没有放弃自己的研究，在证明果蝇的白眼突变基因是存在于 X 染色体上之后，摩尔根又发现了残翅突变、色眼突变、黄身突变等也是伴性遗传，这些发现都说明，生物有些性状的传递是通过性染色体的，而人类有些疾病的出现也是和性别有关的。这是生物在进化过程中的一种适应，也是环境的一种选择。因为

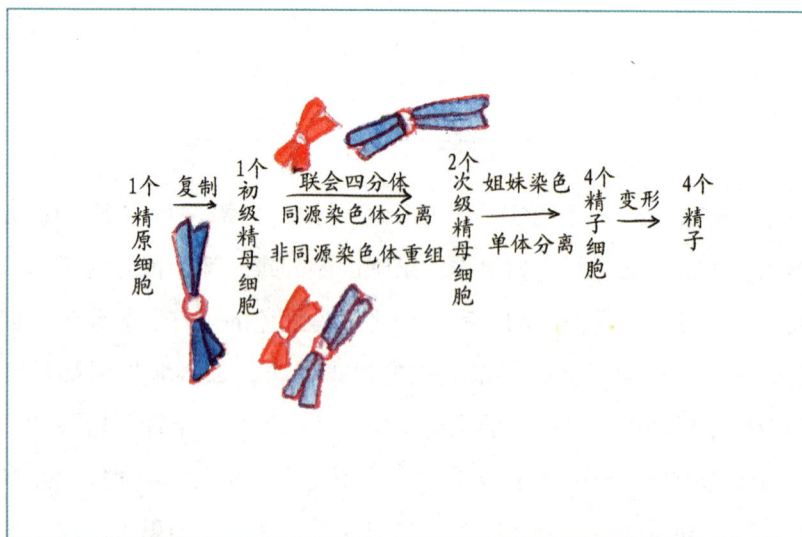

如果某些性状不是通过性染色体传递的，那么当灾难突然来临，对生物的某种性别的个体带来毁灭性打击后，生物就会全部受难而灭绝了。在

孟德尔定律说，他说道在形成配子的时候，成对的基因互相分离，自由组合。而在细胞学的研究中发现，不是基因互相分离，而是染色体互相分离的。所以，只有不在同一条染色体上的基因才能够自由组合，而位于同一条染色体上面的基因则不会分离，而是会同时进行传递，这便是基因的连锁。

为了证明自己的推测是否正确，摩尔根还是用果蝇进行了实验。通过选择适当的交配对象，摩尔根得到了同时具有两种伴性遗传突变的果蝇，比如，前面出现过的白眼但是是黄身的果蝇。摩尔根让这种果蝇和普通的野生果蝇先交配，发现确实是存在着基因的连锁。比如，当白眼黄身的果蝇与野生的红眼灰身进行交配的时候，后代中白眼黄身的果蝇或者是红眼灰身的果蝇达到了99%的比例，而没有出现连锁效应的果蝇只占到了1%。这个实验结果说明基因确实是有一定的连锁效应的，但是这种连锁不是百分之百存在的，因为不同的染色体在形成配子的时候也会进行一部分的基因交换，这是由于染色体之间可能发生物质交换而引起的。这便是摩尔根提出的基因的连锁和交换定律，也是我们学习的基础。

小 链 接

说到果蝇的突变体，首先要说的便是果蝇的颜色变化，除了前面提到过的红眼和白眼之外，还有别的颜色存在呢！只要用包括主要的化学品和放射性同位素在内的物质来诱导果蝇的突变，就会有很多的突变体出现。

师生互动

学生：果蝇为什么有这么多品种呢？它常常会有突变体存在吗？

老师：因为果蝇的繁殖很快，所以在自然界中，它的个体很多。如果按照达尔文进化论的说法，生活在不同地域的果蝇会因为生活环境的不同而渐渐形成地域隔离，长时间后就会导致性状的不同，也会渐渐形成新的品种。对于果蝇来说，因为它们的染色体相对来说比较简单，所以发生突变的可能性也会大一些。在摩尔根之后，又有很多的科学家在研究果蝇，在这其中，果蝇的突变体就出现很多了。目前已经发现的果蝇的突变体已经有几十种了。这都是科技进步的表现，也说明科学家为了生物究竟是怎么进化的研究正在竭尽全力。

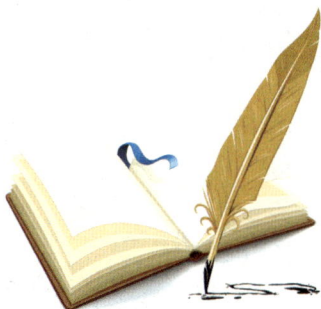

果蝇与摩尔根

◎ 在一张桌子上，摆满了好吃的食物，旁边还有一把电扇在吹着。

◎ 智智放学回家肚子饿，想吃点东西，但是发现好吃的周围总是有苍蝇在飞着。

◎ 智智想把苍蝇赶走，但是不管怎么样做都没用。

◎ 妈妈回家了，用苍蝇拍一会儿把苍蝇消灭了。

喜欢腐烂水果的果蝇

果蝇其实在我们的生活中分布是很广泛的，在全球的温带和热带气候中都可以找到果蝇的身影。最为特别的是，果蝇是以腐烂的水果为主食的，这意味着在菜市场、果园以及水果超市经常能见到果蝇。但是，那么细小的一个虫你会去仔细观察吗？就像夏天的时候飞舞在你身边的

蚊子一样，我们并不会报以很大的注意力。但是，摩尔根却不是这样的，他竟然选择用这么小的果蝇来做遗传学的实验，还在果蝇身上发现了孟德尔忽略的一些问题，并从而取得了重大成果。这是摩尔根个人的成就，也是人类的福音，了解人类的遗传究竟是怎么回事，可以帮助我们克服一些至今都难以解决的疑难杂症。果蝇最早引起摩尔根注意的就

是它眼睛的颜色。那么果蝇的红眼和白眼是否和遗传有关呢？今天，就让我们一起来认识一下果蝇吧！

果蝇是一种个子小小的昆虫，平时如果我们不注意看的话还不会发现果蝇的存在呢！不过，如果你真的想见见在遗传学上有着非常巨大作用的果蝇的话，那就去菜市场吧！果蝇算是比较特别的一种昆虫了，每年春天的时候，万物复苏，百花齐放的时候，各种各样的昆虫也会出现在我们面前。不过，和美丽的蝴蝶、勤劳的蜜蜂不一样，果蝇通常引不

起人们的好感，因为它喜欢往全是腐烂水果的地方跑。你别看果蝇个子小小的，它的食量可不小呢！大部分的果蝇都是喜欢腐烂的水果和植物体的，只有少部分的果蝇才会对真菌、花粉这种东西感兴趣。春天的时候大家感觉不是非常明显，但是到夏天的时候，因为天气热，食物和水果很容易就会坏，这个时候果蝇是最开心的了，因为它又有食物可以吃了。现在我们在家里的时候，一般都会备上苍蝇拍或者是杀虫剂什么的，就是为了防止苍蝇将病菌带到食物上。不过，这招可能对果蝇不是非常有用，因为果蝇实在是太小了，一不小心你就会错过去了。不过别担心。果蝇带来的问题并不是很大。现在，果蝇已经成为很好的遗传学实验材料了，在一些专门研究遗传学和生物进化的实验室中，常常能见到果蝇的身影，这也算是果蝇的另一个重大的用处吧！

摩尔根与果蝇

如果说是上帝为摩尔根创造了果蝇的话，那么摩尔根便是让果蝇进入了人们的视线，并引起了人们的关注。这么说对果蝇来说似乎有点不太合理，但是试问，在摩尔根之前，有谁会去关注虽然经常出现在我们的生活中，但是存在感很微弱的一种生物？就拿夏天的时候，我们最讨厌的苍蝇来说吧！人们对苍蝇的了解除了知道它喜欢腐烂的食物和如何处理它之外，还有别的吗？或者说有专门的科学家会去研究苍蝇的身体构造和它的实用价值吗？就算有也是很少的。因为这并没有多大的意义。所谓科研，最主要的便是研究一些对人类有利或者说是和人类利益贴身相关的东西。果蝇之于摩尔根便是这样的一种存在。对于摩尔根来说，如果不是恰好果蝇的一些特征符合他挑选实验材料的标准的话，他是不会想到用果蝇去做实验的，特别是在摩尔根之前，孟德尔刚刚发表了关于豌豆杂交实验的结果以及他得出的孟德尔定律。坦白说，孟德尔定律在一定程度上也给了摩尔根很多启发。对于摩尔根来说，找到合适

的实验材料比实验的任何一个过程都重要。果蝇便是在这样的契机之下进入了摩尔根的视线。

其实，在摩尔根选择实验材料的时候，他有很多备选的选项，但是在那么多生物中，摩尔根为什么就偏偏选中了果蝇呢？这当然是有原因的，而且这种原因还让果蝇在今后很多年里都是研究生物遗传非常好的一种材料。那么，现在就让我们来看看果蝇身上究竟有哪些吸引摩尔根的地方吧！首先，果蝇的饲养非常容易，只要用一只牛奶瓶，放一些捣烂的柿子就可以饲养数百只甚至是上千只的果蝇。第二，果蝇的繁殖非常容易而且速度还很快。如果你在 25℃ 左右的温度下将雌果蝇和雄果蝇混合在一起饲养 10 天左右，那么你就会发现瓶子里面的果蝇数量明显比刚刚开始的时候增加了很多。这说明果蝇的繁殖速度非常快，而且一只雄果蝇在正常条件下能繁殖数百只子一代的果蝇。在孟德尔做豌豆实验时，实验数据出的非常慢，因为豌豆是一年生的，做一次实验最少都需要一年。但是摩尔根做遗传学实验时用的是果蝇，只需要 10 天就可以繁殖出一代，这样的速度也意味着一次实验摩尔根可以重复很多次，而且实验数据还会出的比较好。其实，最开始的时候，摩尔根做遗传学实验用的材料是小鼠和鸽子，但是做了很多次实验，效果都不是很理想。这时的摩尔根就在思考了，到底用什么样的实验动物能得到又好又快的结果呢？后来，摩尔根的一个朋友给他介绍了果蝇这种生物，觉得果蝇的繁殖周期比较短，即使是失败了很快就可以再来一次。摩尔根觉得可以试一下，便决定开始用果蝇开始试验。事情就是在这个时候开始改变的，摩尔根用果蝇竟然得到了非常了不起的结论！这也说明，果蝇的存在是摩尔根实验成功的关键。

转基因果蝇的出现

在摩尔根用果蝇成功得到伴性遗传的结论后，很多科学家也加入到

了研究果蝇的行列中。在这其中，又以转基因果蝇的出现最为特别。那么转基因果蝇究竟是怎么样的呢？我们在生活中对于转基因这个词，最常听到的可能就是转基因大豆，转基因大米等，但是转基因果蝇，可能是闻所未闻的。但是它却是真实存在的一种生物。科学家在经历很长时间的研究后，终于成功培育出了一种转基因果蝇，可以用激光照射来遥控这些果蝇的行为，让原本经常偷懒的果蝇不由自主地就会勤快起来。

比如，果蝇在饲养的状态下是非常懒散的，它不喜欢动，就等着研究人员将食物端到它面前。但是体内被植入了转基因之后，果蝇便变得不再只听自己的身体信号了，它还会受到研究人员的控制，开始爬行。跳跃甚至是飞到别的地方去。这其实也算是果蝇品种的一种进化，如果科学家将这种能够控制果蝇的基因植入到果蝇的生殖细胞中的话，那么这种果蝇生下来的子一代便也会带有这种基因，也会被科学家控制。这样一来，用激光照射遥控就不再是电子产品的专利了，果蝇也是一种非常好的遥控材料呢！但是，现在的科技毕竟还不是非常成熟，遥控这种果蝇还不能像开遥控开关汽车那样方便，但是，这种关于果蝇的研究对于研

究动物的神经和行为是有很大好处的，尤其是在果蝇的身上试验，也是对遗传的一种研究。

小链接

在摩尔根研究果蝇取得巨大成功之后，他还专门开发了一个"蝇室"，里面养了各种各样的果蝇，还有专门的研究人员照看这些果蝇。也正是这样一个"蝇室"，培养了很多著名的遗传学家。

师生互动

学生：果蝇原来是这么好的一种材料啊！可是科学家可以研究果蝇的哪些性状呢？

老师：科学家研究果蝇，主要是在于它的伴性遗传上。所谓的伴性遗传其实就是和性别有关的。为什么世界上的人类会分为男人和女人？那是因为男人和女人的性染色体是完全不一样的。果蝇也是这样的。在实验的过程中，研究人员发现，果蝇的某些表现出来的性状是和它的性别有关的，比如，说眼睛的颜色是红色还是白色都是非常有讲究的，有些雄果蝇是白眼的，和红眼的果蝇交配后生下来的宝宝眼睛却是红色的，但是有些白眼雄果蝇和红眼雌果蝇交配后生下来的宝宝却是白眼的，这究竟是为什么呢？科学家们研究的就是这些问题，摩尔根也是在研究这些问题后才得出了著名的伴性遗传规律。

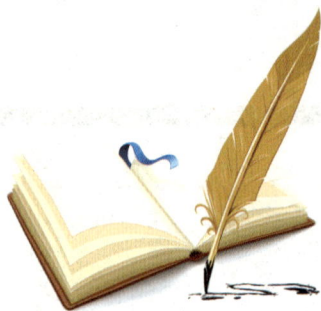

像麻花一样的 DNA 分子结构

◎ 医院里，一个新生儿哇哇大哭着被护士抱出了手术室。

◎ 科学家在实验室里面做有关 DNA 分子的研究。

◎ 智智对自己和爸爸长得很像而好奇。

◎ 智智发现他们班有一对双胞胎长的不像，这是怎么回事呢？

这对双胞胎长的不像，这是怎么回事呢？

DNA 分子结构的发现

你知道 DNA 是什么吗？如果你听说过，那么你知道它的全名是什么吗？其实，DNA 是英文 Deoxyribonucleic acid 的缩写呢！不过，它还有一个特别拗口的中文名字叫做脱氧核糖核酸。说到 DNA，它其实是染色体上最重要的组成部分。你别看它的体积很小，但是它可是遗传信

息最主要的载体哦！它还被人们称为"遗传微粒"。DNA 分子的功能是贮存决定物种性状的几乎所有蛋白质和 RNA 分子的全部遗传信息，编码和设计生物有机体在一定的时空中有序地转录基因和表达蛋白完成定向发育的所有程序。在繁殖下一代时，父本和母本各将自己的一半 DNA 传递给下一代，组成一个新的个体。虽然 DNA 是在细胞核中发

现，并因此而命名，但它并不是只存在于细胞核中，真核动物的线粒体中也有少量的 DNA 分子，真核植物的线粒体，叶绿体中都含有少量的 DNA 分子。那是不是只有 DNA 才是亲代与子代之间的信使呢？其实也不尽然。对于植物来说 RNA 也携带有一定的关于遗传的信息。对于原核生物，没有成形的细胞核，主要是靠 RNA 来完成亲代与子代之间的信息传递的。

　　DNA 分子结构的发现在科学史上可以算作是一个里程碑。但是由于 DNA 分子十分的微小，并且结构复杂，凭借当时的科技水平是不能够直接观测到 DNA 的分子结构的，但是这并没有难倒当时的科学家们。

他们对 DNA 分子结构的构建并不是采用一般的观测的方法，而是进行了大胆的想象，运用已有的知识，像拼图游戏一样，一点一点地构建了我们今天所看到的 DNA 双分子螺旋模型。在这个过程中有两位科学家做得最出色，他们就是沃森和克里克。1928 年 4 月 6 日，沃森出生于美国芝加哥。16 岁就在芝加哥大学毕业，获得动物学学士学位，在生物学方面开始显露才华。22 岁时取得博士学位，随后沃森来到英国剑桥大学的卡文迪什实验室，结识了早先已在这里工作的克里克，从此开始了两人传奇般的合作生涯。克里克于 1916 年 6 月 8 日生于英格兰的北安普敦，21 岁在伦敦大学毕业。"二战"结束后，来到剑桥的卡文迪什实验室，克里克和沃森一样，对 DNA 有着浓厚的兴趣，从物理学转向研究生物学。

当时的人们已经发现 DNA 分子是由脱氧核糖核苷酸构成的细长的分子链，并且核糖核苷酸是由脱氧核糖、磷酸和含氮碱基组成，碱基有 4 种，分别是腺嘌呤（A）、鸟嘌呤（G）、胞嘧啶（C）和胸腺嘧啶（T）。由于对 DNA 的浓厚兴趣，沃森和克里克一拍即合，以上述理论为基础，不断摸索，最终构建出了 DNA 双分子螺旋模型。可以说他们的成功不只是由于自身的努力和些许运气，更是因为他们站在了巨人的肩膀上。

神奇的双分子结构

DNA 分子双螺旋结构模型的发现，是生物学史上的一座里程碑，它不仅为 DNA 复制提供了构型上的解释，使人们对 DNA 作为基因的物质基础不再怀疑，而且奠定了分子遗传学的基础。DNA 双螺旋模型在科学上有着深远的影响。前面已经对 DNA 分子的重要性以及它是如何被发现的做了简要的介绍，下面就让我们来看一看，DNA 分子的结构到底有什么神奇之处。

原来如此

就像人体要有骨骼作为支撑，DNA 分子的结构也要有基本的骨架。脱氧核糖和磷酸交替排列成为 DNA 的基本骨架，碱基排在外面的双螺旋结构。这两条碱基链可不是随随便便排列的，而是遵循互不配对的原

则黏合在一起的。当进行复制时，DNA 的双螺旋结构就会打开，游离的碱基会遵照互不配对原则与单链上的碱基接合，形成新的 DNA 双螺旋结构，这样一条 DNA 链就变成了两条。我们每天都有许多细胞要死掉，同时也有许多新的细胞生成，这都要归功于 DNA 分分秒秒不停歇地复制。所以人体每时每刻都在更新。这一刻你还是你，但已不是从前的你，要改变随时都来得及，不要停下追寻梦想的脚步。

DNA 分子结构的特性

DNA 的双分子链真的好复杂，在形成新的 DNA 分子时又要解锁打

开，为什么要这么麻烦呢？是不是它的双分子螺旋结构有什么特有的优势呢？答案当然是肯定的。下面就让我们来看一看双分子螺旋结构的优点。

　　DNA 分子的双螺旋结构相对于单链结构更加稳定。在 DNA 分子双螺旋结构的内侧，两条脱氧核苷酸长链上的碱基对通过氢键牢牢地结合在一起。此外，碱基对之间纵向的相互作用力也进一步加固了 DNA 分子的稳定性。各个碱基对之间的这种纵向的相互作用力有一个有趣的名字，叫做碱基堆集力，它是芳香族碱基 π 电子间的相互作用引起的。现在普遍认为碱基堆集力是稳定 DNA 结构的最重要的因素。此外，带负电荷的磷酸基团与带正电荷的阳离子之间可以形成离子键，通过这种方式减少双链间的静电斥力，因而对 DNA 双螺旋结构也起到一定的稳定作用。

　　DNA 分子的双螺旋结构不只具有稳定性这个优点，还具有多样性

和特异性的特点。由于 DNA 分子碱基对的数量不同，碱基对的排列顺序又千变万化，因而构成了 DNA 分子的多样性。

小链接

DNA 分子的多样性是怎么构成的？

每 3 个相邻的碱基确定一个密码子，不同的碱基排列顺序可以翻译成不同的遗传信息。即使中间只有一个碱基的不同也可能造成很大的差异。这也就是为什么世界上几十亿的人，每个人都有其不同的特点。

师生互动

学生：DNA 分子那么长，在复制的过程中如果出错了怎么办？

老师：就像在考试的过程中有些小差错在所难免，在复制的过程中，也会出现或多或少的小差错。但是不要担心，每一个密码子对应着一个遗传信息，但并不是每一种遗传信息只对应着一种密码子，这样在复制的过程中即使出现了差错，但是在翻译的过程中还有补救的可能。自然界的规律很奇妙，前人虽然有很多伟大的发现，但也只是冰山一角。所以你们要好好学习科学文化知识，以后才能为科学事业的发展贡献你们的力量。

遗传是如何进行的

◎智智在妈妈的陪伴下正在看小时候的
照片。

◎看到照片里面的自己从一个小小的婴儿
长到现在这么大,智智觉得非常神奇

◎智智发现小时候的自己长得非常胖,但
是现在自己却很瘦了。

◎小时候的智智常常被人说长得像爸爸,
但是,现在看到他的人都说他长得像
妈妈。

什么是遗传?

　　遗传在某种程度上可以说就是子代对亲本在某些特性上的继承。遗传就是子代在这个连续系统中重复亲代的特性和特征（性状）的现象，其实质则是由于亲代所产生的配子，带给子代按亲代性状进行发育的遗传物质——基因。

　　遗传正式通过基因进行的。基因在这个过程中就像是亲子间的信使，传递着遗传的信息。通常情况下，小宝宝会从爸爸和妈妈那里各遗

传一半的基因，如果从哪一方那里多得到了一条染色体，就会生病，如二十一体综合症就是有三条第二十一号染色体造成的。基因上多了遗传信息会致病，那么少一点遗传信息好不好呢？这样的个体在理论上是不能存活的，不会从胚胎发育成个体。

基因在遗传上占据着至关重要的地位。相同的基因规定着生物体发育相同的性状，于是表现为遗传，体现了生物界的稳定性。但这种稳定性是相对的，这也就是为什么我们有时又表现得与我们的父母都不同。虽然我们从上一代那里继承了基因，但是在生长的过程中，受外界环境的影响并不是所有的形状都会表达出来，也可能会产生变异。

变异是如何产生的

万丈高楼也是由一砖一瓦堆砌而成，汪洋大海由小水滴聚积。遗传

是一个很复杂的过程，当然也要由一个一个的小分子组成。基因就是表达遗传性状的小分子，相同的基因表达出相同的性状，这就是遗传的稳定性。但是遗传的稳定性是相对的。基因在世代延绵的长期发展过程中，难免会存在些许的变异。结构改变了的基因使生物体发育不同于改变前的性状，于是出现了变异。变异分为两种，一种是因环境的突变而产生，不会传给后代的——不可遗传变异，另一种是会传递给后代的——可遗传变异。没有遗传，不可能保持性状和物种的相对稳定性；没有变异，不会产生新的性状，也就不可能有物种的进化和新品种的选育。

　　基因的改变通常是受外界的影响。相信大家都听过这样一个成语"适者生存"。自然界中就是奉守着这一准则。为了适应自然界的这一准则，所有的生物都要不断的进化。当地球初时形成的时候，世界是一片汪洋，一切生命都是从水中开始的。但是后来地球的环境改变了，生物为了适应气候的变化，也不得不跟着改变，有些生物从水中迁移到了陆地上，慢慢地有些动物长出了四肢，有些动物长出了翅膀。

遗传的"规律"

遗传虽然有一定的不稳定性，有时会存在一些"变异"，但还是有些规律可循的。有时父母都是双眼皮，但是生的小宝宝却是单眼皮，是不是抱错了呀？不要担心，其实有些基因是有显隐性之分的。有可能爸爸和妈妈的双眼皮基因都不是纯合子的，这样小宝宝在接受了爸爸妈妈各一个单眼皮基因以后就会表现为单眼皮。如果说到血型的遗传的话那

可就更加复杂了，控制血型的基因有 IA，IB 和 i，其中前两个为显性，i 基因为隐性，当控制血型的两个基因都为 i 时，则表现为 O 型血，否则表现为显性基因的血型。所以尽管爸爸妈妈都不是 O 型血，但是如果都携带有 i 基因，并遗传给后代的话，那么小宝宝还是有表现为 O 型

血的可能。这样事情的发生概率极低，据统计只有万分之一的可能。

之前已经说了遗传的变异性，那么遗传有没有什么规律性可言呢？当然有了，世间万物都要遵守一定的规律，遗传也不例外。下面我们就来讲一讲遗传要遵循的规律。

遗传实际上就是子代对亲代基因的继承与表现。一般来说，对于有性繁殖的生物，会从父本与母本各继承一半的基因，有显性基因则表现为显性性状，如果没有显性基因，就会表现为隐性性状。但有时也会有例外，基因的表达还和环境因素有关，这也是变异的由来。

常见的显性性状

在进化的过程中，有些基因占据了明显的优势，根据物竞天择的规律，能够表达出这些特征的基因成为了优势基因，并且成为了显性基因。

下面就让我们来介绍几种常见的显性基因。常见的显性基因有很多种，比如，人的双眼皮相对于单眼皮来说就是显性的，人的无名指比食指长是显性性状，果蝇的红眼相对于白眼是显性性状，水稻的矮秆相对于长秆是显性性状。举了这么多例子，相信大家已经发现，其实显性性状与隐性性状是相对的，没有隐性性状就无从比较隐性性状。

小链接

人和猩猩有共同的祖先吗？

是的，虽然人是最聪明的灵长类动物，却和猩猩拥有共同的祖先，但是在漫长的进化过程中，人类褪去了尾巴，腿变得更健硕，学会了使用火种，建造了城市与村庄。

师生互动

学生：是不是显性性状都比隐性性状更具优势呢？

老师：大自然的一切现象都有其巧妙的用意，遗传信息的显隐性也不例外。从遗传上来讲显性性状当然比隐性性状要占据多一些的优势，但是这并不代表着显性性状就一定比隐性性状好。就好像双眼皮与单眼皮这对显隐性性状，就是双眼皮有双眼皮的美丽，单眼皮有单眼皮的神采。

神奇的双胞胎

◎ 智智的姨妈刚刚生了小宝宝，妈妈去看姨妈的时候智智吵着也要一起去。

◎ 来到医院的产房，智智好奇地看着产房里面的宝宝，觉得非常稀奇

◎ 来到病房，智智发现姨妈生的竟然是双胞胎！

◎ 但是，智智发现阿姨生的双胞胎居然长得不一样。

哇，两个宝宝，阿姨生的是双胞胎呢！这是怎么回事呢？双胞胎不是都应该长得一模一样的吗？

双胞胎有哪几种类型？

大家可能会觉得这个问题有些奇怪，双胞胎就是双胞胎，怎么还会有不同的类型呢？难道说是按性别分？那还不简单么！双胞胎有的两个都是男的，有的两个都是女的，当然最好的就是一男一女了。好了，分类结束，就三种！

诚然这样的分类并没有什么错，但在这里，我们要说的却是另一种

在生物学上的分类方法。双胞胎在医学上可以分为同卵双胞胎和异卵双胞胎两种，这两种区分方法是基于胚胎形成过程中，受精卵不同的结合方式而分的。

同卵双胞胎是指两个胎儿由一个受精卵发育而成的，而异卵双胞胎是两个胎儿由不同的受精卵发育而成的。在精子和卵子受精的过程中，当一个精子与一个卵子相遇的时候，它们就会相结合，这样形成的将会是一个胚胎。但是，如果在受精过程中，两个精子和一个卵子相遇，那么就会有很大的可能性会形成双胞胎，这样的双胞胎就是同卵双胞胎。而另一种情况就是，同时有两个卵子和两个精子相遇的时候，就会形成两个受精卵，生出来的就是异卵双胞胎了，就是我们所说的龙凤胎。

为什么有的双胞胎长得一点都不像？

智智的身边最近发生了一件事，让智智觉得非常不可思议。前两天，智智的好朋友告诉他，坐在他前面的小女生和隔壁班的班长竟然是亲兄妹！而且他们还是双胞胎呢！智智觉得非常神奇，既然他们是双胞胎的话，为什么长得不一样呢？不光是眼睛不一样，就连头发的颜色也有点不一样呢！妹妹长着一头浓密的黑发，眼睛大大的，还有两个小酒

窝，甚至还是双眼皮呢！但是哥哥就完全是另外的一个样子了：哥哥是典型的单眼皮，而且头发比较少，颜色也偏黄。如果他们自己不说的话，谁会知道他们竟然是双胞胎呢？在智智的印象中，双胞胎不应该都是长得一样的吗？可是为什么他身边的这对双胞胎这么与众不同呢？这个问题困扰了智智很久，后来问了妈妈才知道，原来这对双胞胎是异卵双胞胎，当然就会长得不一样了。

嘿嘿，小朋友们，这下你们明白龙凤胎是怎么回事了吗？

双胞胎的秘密

有人说，双胞胎是这个世界上非常神奇的存在。没错，同卵双胞胎可以长得一模一样，甚至让人分不清谁是谁，但是异卵双胞胎却可以长

得一点都不像，这究竟是怎么回事呢？

其实，这就是遗传在作怪。在同卵双胞胎中，因为是由一个受精卵分化分裂而来的，两个胚胎具有完全相同的遗传物质和染色体组织，这就导致它们在之后的生长发育过程中遵循着一样的规律，长大之后长相自然也就一样了。

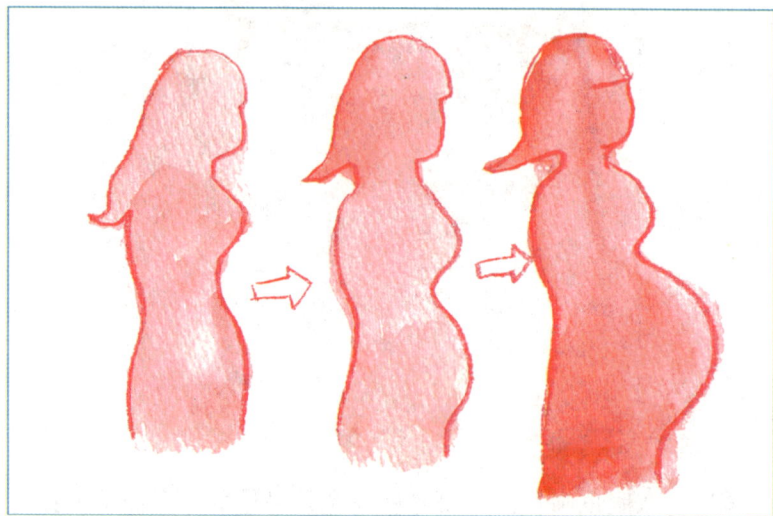

但是异卵双胞胎无疑是比较特殊的，异卵双胞胎实际上就相当于妈妈在生宝宝的时候，把原本应该分两次生下来的宝宝，一次就生了下来，也就是说，这两个宝宝在妈妈肚子里的时候就是独立存在的，染色体和遗传物质也是完全不一样的。这样生下来的宝宝自然长得就不一样啦！就好比说，妈妈在生下了你之后，再给你生一个小妹妹，那么你和小妹妹长得自然就不是一模一样的啦。

但是同卵双胞胎却不是这样的，他们在妈妈肚子里的时候就一起分享着一切，包括妈妈肚子里的血液和营养等有益物质，生下来的时候就连性别也是一样的。

这就是双胞胎的神奇之处，也是双胞胎的秘密所在。

小链接

怀孕之后的准妈妈最需要注意的就是饮食，要多吃一些碱性食物，比如，蔬菜和水果，这些食物都能保证膳食纤维、维生素、矿物质的摄入，另外也可以用一些坚果来补充身体的微量元素。除此之外，酸性食物也不能少，蛋类、肉类、鱼类等食物都需要适量地补充。

不过，要注意少吃动物的内脏，因为这些都是高胆固醇类的食物，对准妈妈的身体和准妈妈体内的宝宝都没有好处哦。因此，要特别注意，要少吃，最好别吃。

综上所述，如果你身边出现了怀孕的阿姨或者妈妈又给你怀上了小妹妹或者小弟弟的话，你一定要记得提醒她哦。

师生互动

学生：老师，生双胞胎的概率大不大呢？

老师：其实，相比较其他小概率事件而言，生双胞胎的概率还是挺大的。有专家做过统计，从全世界范围来看，双胞胎的平均出生率为1：89。也就是说，在89个孕妇中，就会有一个孕妇生出来的孩子会是双胞胎。不过，这个数据只是一个参考。至于究竟能不能生出双胞胎，还和自己家族的基因有关。所以说，基因才是决定人的最关键要素！

人类还会进化成什么样子

◎智智和妈妈正在一起看科教频道。

◎电视里面正在播放一则关于人类进化的纪录片。

◎好奇的智智又开始问东问西。

◎妈妈笑着说。

最开始的时候，人类只是猿猴……

环境和生存状态一直都在改变，人类自然会慢慢进化的，但是进化成什么样子，这个没有谁能说得好……

妈妈，电视里面说人类目前是地球上智商最高的生物，那人类还会进化吗？

其实，人类一直在悄悄进化

进化和时间一样，虽然看不到，但是一直在进行。地球上的任何一个物种，只要它还没有完全灭绝，那么这个物种就会一直悄悄地进化下去，万物之首的人类也一样。

其实，在一百多年以前，伟大的科学家达尔文就告诉过世人，我们究竟是怎么来的，我们又是谁。但是，他并没有告诉我们，人类的未来

是什么样子的。那么，随着时代、环境、科技的变化，以及某些社会问题的产生，人类将何去何从呢？在这些外在条件的影响下，人类又会进化成什么样子呢？

其实，关于人类未来会进化成什么样子，科学家们一直都有过大胆的讨论和猜测。那么，未来的人类究竟会进化成什么样子呢？请慢慢往下看。

人类会倒退，重新回到丛林？

大胆的科学家有一种假说，他们认为，人类前进的步伐太快，地球资源会很快被人类开发、攫取殆尽，人类对环境的破坏程度已经大大超过了地球自我净化的步伐。我们可以想象一下人类居住的画面，整个世界，没有一片绿色，到处都是灰尘和糟糕的空气，在这样的环境里面，

人类很难生存下去，并且会慢慢退化成爬行动物，靠四肢来走路，并且会重新返回到一些没有被破坏的原始森林过起打猎、群居的生活。

这个设想很大胆，也有些极端，但并无道理。它在警示我们，如果不好好保护环境，不仅会影响到我们的身体，还可能会导致我们整个人类的变化。因此，不管这个假设最后会不会成为现实，我们都好好爱护环境。

人类会变成"生态人"？

有科学家提出过比较积极的设想，就是，未来的人类很有希望通过环境的变化和科技的进步从而改变自我，变成"生态人"，这样最大的好处就是，人类能和动物、植物和谐相处，从而达到一个非常理想的生存状态。

变成"生态人"的好处有很多，如果人类不想伤害动物的话，就

可以通过技术减轻我们对动物的敏感度，如果想爱护土地，可以通过技术将人类的身高和体积变小，从而降低居住面积。据估计，男性"生态人"能将身体体积缩小21%，女性"生态人"甚至能缩小25%。

未来人就是太空人？

　　外星人是什么样子的？这个世界上还没有人和外星人真正接触过，虽然有人很肯定地说自己见过外星人，但并没有证据能证明他们的说辞，那么外星人究竟是什么样子的呢？是不是就像国外的一个卫星专家说的那样，外星人橙色的皮肤，还长有洋葱形状的尾巴，整个体型就像水母一样吗？

　　基于对外太空的研究，也有科学家认为，未来的人类可能会进化成体型类似巨型乌贼一样的"太空人"。有这种设想的科学家说："我们

在某一天一定会找出一种科学的方式，让我们人类变成这种体型的太空人，因为，只有乌贼的体型更适于外太空无重力的生活。"

除此之外，未来的太空人还具有其他一些很好的好处，他们的身体内都会装上微型机器人，从而给身体提供能量，已免去吃饭等生活情节。太空人的肺也将慢慢退化，从而消失，直到最后进化成非常健壮的内耳，这样的好处是可以避免在太空乘坐太空车的时候晕车。还有最重要的一点，太空人的身体具备自我修复放射性损伤的功能，太空人除了具备以上这些优点之外，还能像外星人一样交流和沟通，可以通过意识将自己想说的话上传到超级电脑上，再通过一个电子载体穿越到另外一个电子载体上，从而实现人与人之间的交流和沟通。

　　我们所处的世界并不太平，有很多国家和地区都在不时的发生局部战争和恐怖袭击。如果某一天，这些冲突都被放大变成全球战争的话，人类很可能控制不住使用核武器。如果核战争真的发生了的话，那地球上的所有文明和建筑将在一夜之间全部灰飞烟灭。最后幸存下来的极少数人类可能会慢慢进化成能抵抗核辐射的"幸存人"，这种人具有抵抗辐射的能力，他们的眉毛和皮肤这些本身很脆弱的器官也能抵抗辐射。

　　如果未来真的变成这个样子，那将是非常可怕的，因为据现代的科学表明，如果真的爆发了核战争，能幸存下来的人微乎其微。所以，我们一定要爱护和平，不要这种预想变成现实！

师生互动

　　学生：老师，妈妈说，她肚子里怀的弟弟在出生以后，希望他成为一名运动员。请问，未来的技术，能在弟弟出生之前就对他进行设定，从而让他拥有成为运动员的先天基因吗？

　　老师：这种技术在未来，很有可能会实现的。在孩子出生之前，父母可以根据自己对孩子未来的发展规划来对孩子制定合理的身体基因。如果这种技术最后真的实现了，小朋友们想长到和姚明叔叔一样高的愿望将会很快实现哦！

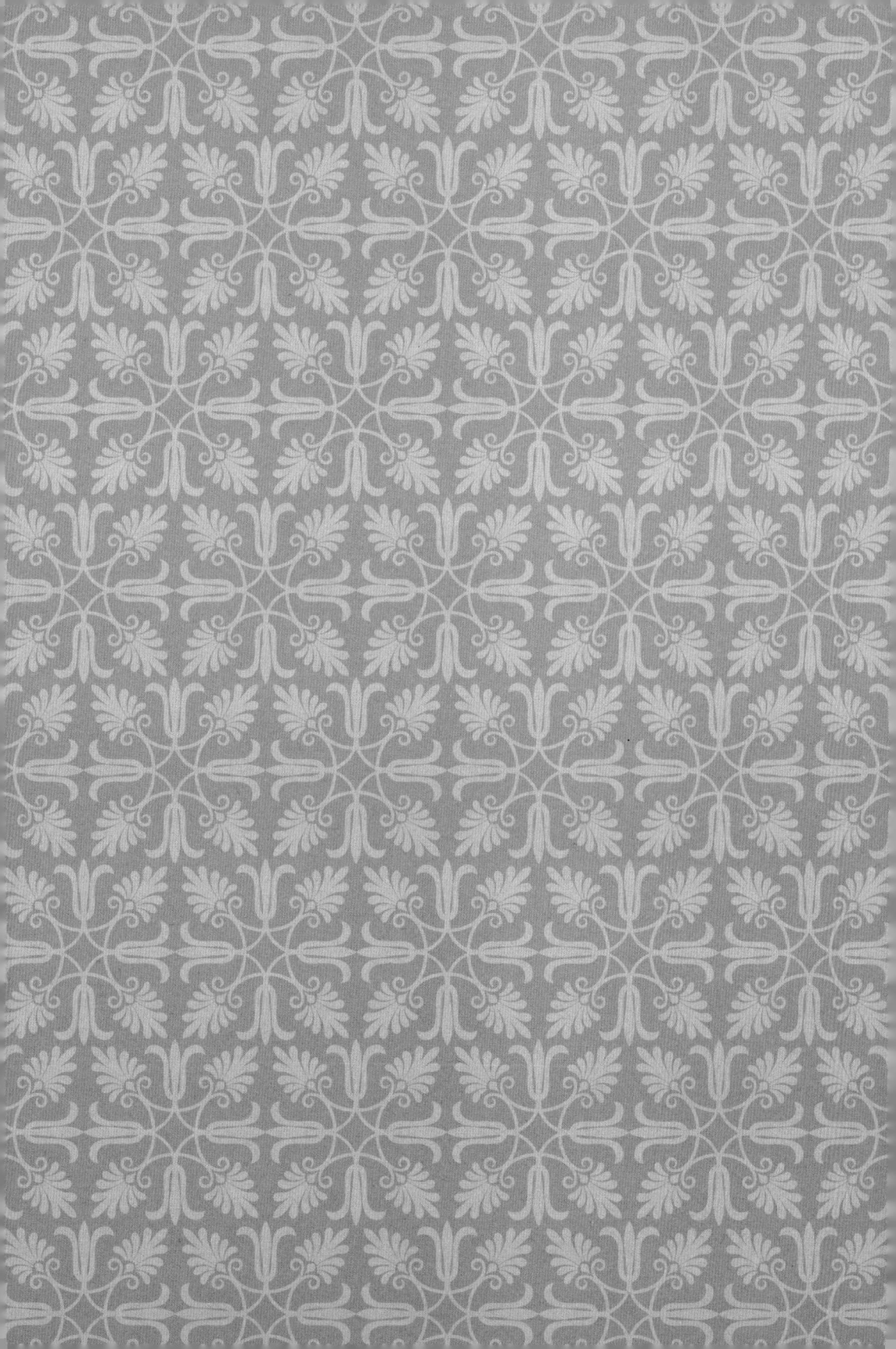

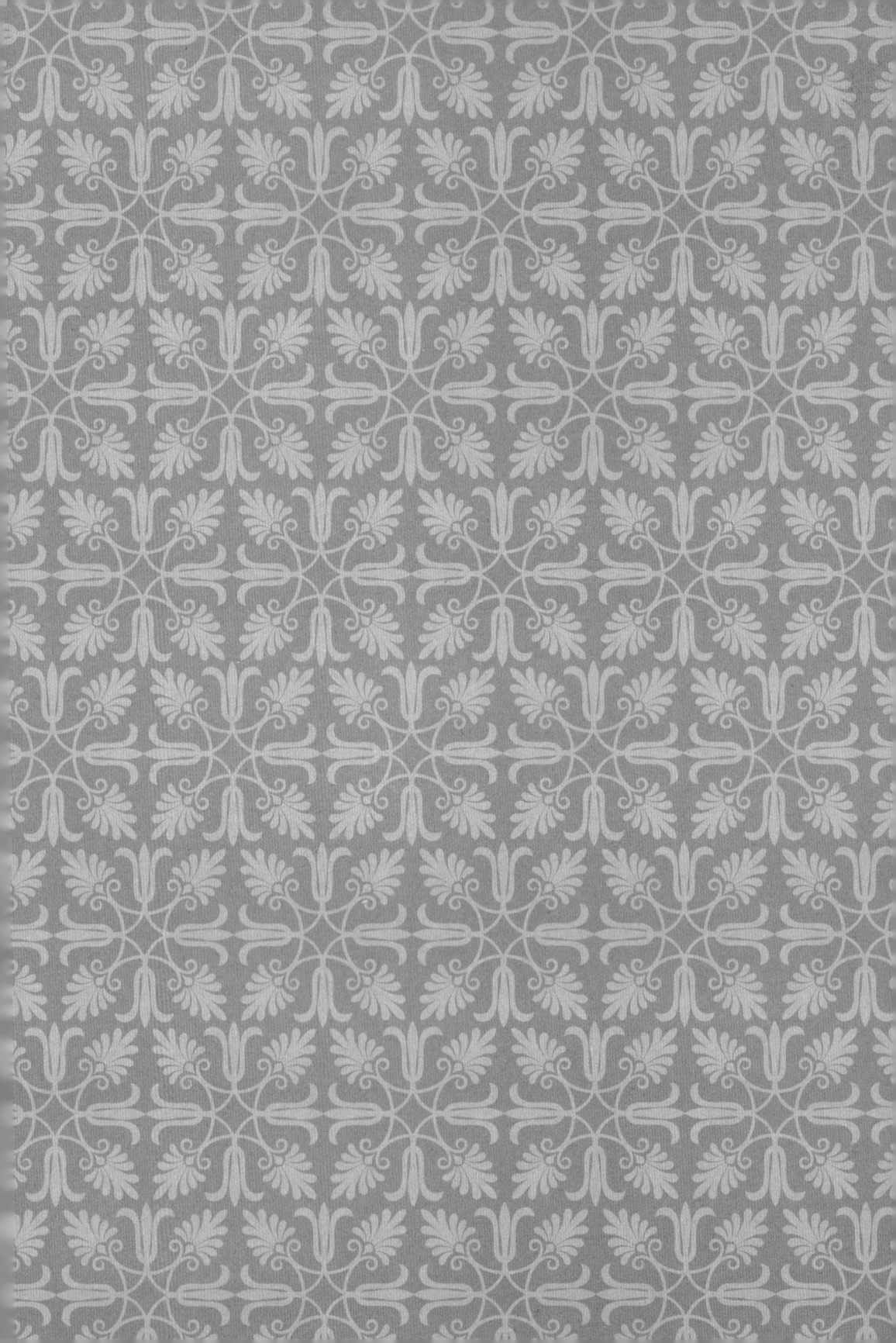